SIMPLY

ZUKUNFTS-TECHNOLOGIEN

DK

DK Penguin Random House

DK London
Lektorat
Jonathan Metcalf, Liz Wheeler, Claire Cross,
Rob Dimery, Dorothy Stannard, Alison Sturgeon, Gareth Jones

Gestaltung und Bildredaktion
Karen Self, Lee Griffiths, Mark Cavanagh,
Vanessa Hamilton, Mark Lloyd, Lee Riches

Umschlaggestaltung
Akiko Kato, Sophia M.T.T.

Herstellung
Robert Dunn, Rachel Ng

Für die deutsche Ausgabe:
Projektbetreuung Carola Wiese
Herstellungskoordination Bianca Isack
Herstellung Stefanie Staat

Titel der englischen Originalausgabe:
Simply Emerging Technology

Übersetzung Birgit Reit
Lektorat Dr. Stephan Matthiesen

ISBN 978-3-8310-4988-2
5902-336902-23408-02

Druck und Bindung TBB, a.s., Slowakei

FSC www.fsc.org MIX Papier | Fördert gute Waldnutzung FSC® C018179

www.dk-verlag.de

AUTORIN UND BERATERIN

Hilary Lamb ist eine preisgekrönte Wissenschafts- und Technik-Journalistin, Herausgeberin und Autorin. Sie studierte Physik an der Universität von Bristol sowie Wissenschaftskommunikation am Imperial College in London und war anschließend fünf Jahre lang als Reporterin bei einer Zeitschrift angestellt. Sie arbeitet auch an weiteren Büchern von Dorling Kindersley mit, darunter *#dkinfografik. Technik einfach verstehen, Big Ideas. Das Physik-Buch, Simply. Quantenphysik* und *Simply. Künstliche Intelligenz*.

MITWIRKENDE

Bea Perks ist Autorin und Journalistin mit den Schwerpunkten Medizin und Technik und lebt in Cambridge (Großbritannien). Sie besitzt einen Doktortitel in Klinischer Pharmakologie, redigiert Zeitschriften und schreibt für Pharmazieunternehmen und für populärwissenschaftliche Zeitschriften und Websites. Auch für DK-Titel verfasst sie immer wieder Beiträge, darunter *DK Wissen: Natur und Technik, Super Science* und *Reise durch die Wissenschaft*.

INHALT

NAHRUNG UND LANDWIRTE

VERKEHR

INFORMATIONS-TECHNOLOGIE

KOMMUNIKATION UND MEDIEN

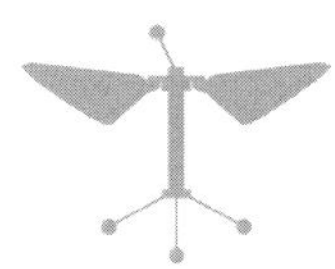

ROBOTIK

ENERGIE

DIE BEBAUTE UMGEBUNG

NEU ENTSTEHENDE UND ZUKÜNFTIGE TECHNOLOGIEN

Von der Erfindung des Rads bis zur Einführung der PCs beeinflussen Technologien die Welt, in der wir leben. Man bezeichnet Technologien als »neu entstehend«, wenn sie noch keine breite Anwendung finden. Einige sind auf Forschungsumgebungen beschränkt, andere sind voll entwickelt, aber derzeit nicht reif für die kommerzielle Nutzung. Dieses Stadium erreichen sie nur, wenn sie sich erfolgreich in großem Maßstab ausbauen lassen, und das zu erreichen, kann sehr schwer sein.

Viele Zukunftstechnologien werden Gesellschaft, Umwelt und Wirtschaft wohl stark beeinflussen. Es fließt viel Arbeit in ihre Erforschung, Entwicklung und Einrichtung, weil man hofft, dass sie die Welt verbessern werden, sei es durch innovative Behandlungsmöglichkeiten für seltene Krankheiten oder auch durch genetisch veränderte Pflanzen, um den weltweiten Hunger zu bekämpfen.

Technologien zur Verringerung der Treibhausgasemissionen, die die schlimmsten Folgen des Klimawandels abwenden könnten, werden ebenfalls stark vorangetrieben. Sie schaffen beispielsweise eine saubere Energieinfrastruktur, Alternativen für fossile Brennstoffe im Verkehr oder neue Methoden zur Optimierung von Industrieprozessen.

Auch durch die zunehmende Vernetzung der Welt entstehen neue Technologien. Viele Milliarden digitale Geräte sammeln und analysieren weltweit täglich Daten, die den effizienten Einsatz aller möglichen Systeme ermöglichen. Sie helfen zum Beispiel Fahrzeugen beim Navigieren oder optimieren Dienste in den Großstädten. Oft lenkt dabei eine KI Entscheidungen in Echtzeit. In unserer zunehmend automatisierten Welt übernehmen Maschinen eintönige oder gefährliche Arbeiten.

Wir erleben gerade eine aufregende, dynamische Zeit mit zahlreichen technologischen Entwicklungen und Erfindungen. Wenn es gelingt, sie intelligent zu nutzen, könnten sie zur Lösung vieler der dringenden Herausforderungen beitragen, vor denen die Welt heute steht.

WERK-
STOFFE

Die Werkstofftechnik untersucht und verändert bekannte Materialien oder erfindet neue. Heute stehen vor allem nachhaltige Werkstoffe wie kompostierbare Kunststoffe und effiziente Elektronikbauteile im Vordergrund, ebenso wie die Entwicklung von »intelligenten« Substanzen, die sich selbst heilen, sich an ihre Umgebung anpassen oder sich für die medizinische Anwendung eignen, wie biokompatible Geräte und Organe aus dem 3-D-Drucker. Einige Werkstoffe sind von der Natur inspiriert, andere dagegen haben zuvor nie gekannte Eigenschaften und können zum Beispiel Licht um ein Objekt beugen. Praktisch nutzbar sind sie aber nur, wenn ihre Herstellung und ihr Einsatz nicht zu teuer sind.

UNSICHTBAR WINZIG

Nanomaterialien sind eine diverse Gruppe extrem kleiner Werkstoffe. Sie sind weniger als 100 Nanometer (nm) groß, wobei 1 nm ein Milliardstelmeter ist. Werkstoffe im Nanomaßstab gibt es zwar in der Natur, aber sie lassen sich auch so herstellen, dass sie bestimmte wünschenswerte Eigenschaften haben, z. B. besonders fest oder elektrisch leitfähig sind. Damit können sie in zahllosen Industriezweigen Anwendung finden. Die Nanomedizin (siehe S. 32) ist z. B. ein experimenteller Bereich, in dem Nanotechnologie zur Diagnose und Behandlung von Krankheiten genutzt werden kann.

Vier Kategorien
Je nach dem, wie viele ihrer Dimensionen im Nanomaßstab liegen, kann man Nanowerkstoffe in vier breit gefasste Kategorien einteilen.

0-D

0-D-Nanowerkstoffe
Fulleren C60 (die »Buckybälle«) und Nanocluster sind Beispiele für 0-D-Nanomaterialien: Sie sind in allen Dimensionen weniger als 100 nm groß.

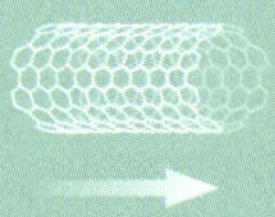

1-D

1-D-Nanowerkstoffe
1-D-Nanomaterialien wie Nanodraht und Nanoröhren aus Kohlenstoff sind lang und dünn. Bei ihnen ist eine Dimension größer als 100 nm.

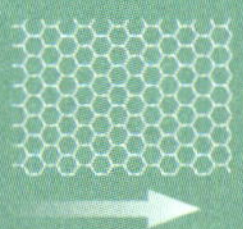

2-D

2-D-Nanowerkstoffe
Alle 2-D-Nanomaterialien haben zwei Dimensionen, die größer als 100 nm sind, und bestehen aus sehr dünnen Schichten. Ein Beispiel ist Graphen – eine Nanofolie.

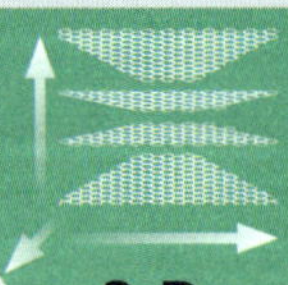

3-D

3-D-Nanowerkstoffe
3-D-Nanomaterialien umfassen Nanopartikel und Nanoschichten. Ihre Seitenlängen messen in drei Dimensionen mehr als 100 nm.

»In der Nanotechnologie werden Dinge aus Atomen gefertigt.«

William Powell, Nanotechnologie-Experte am Goddard Flight Centre der NASA

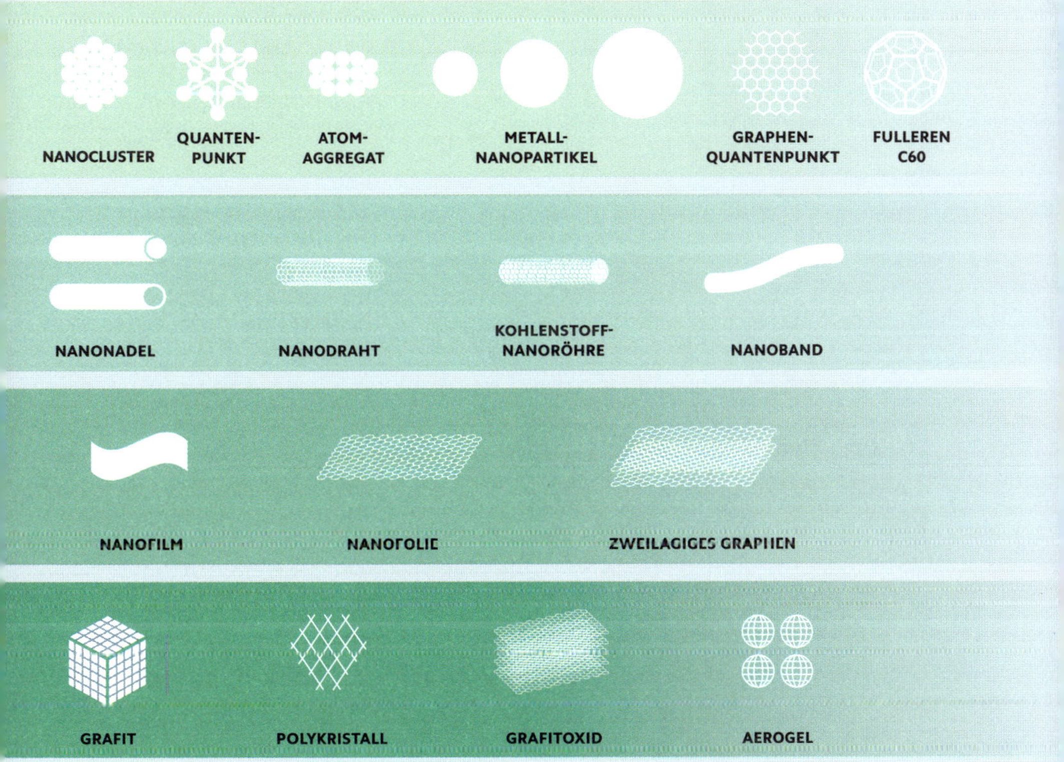

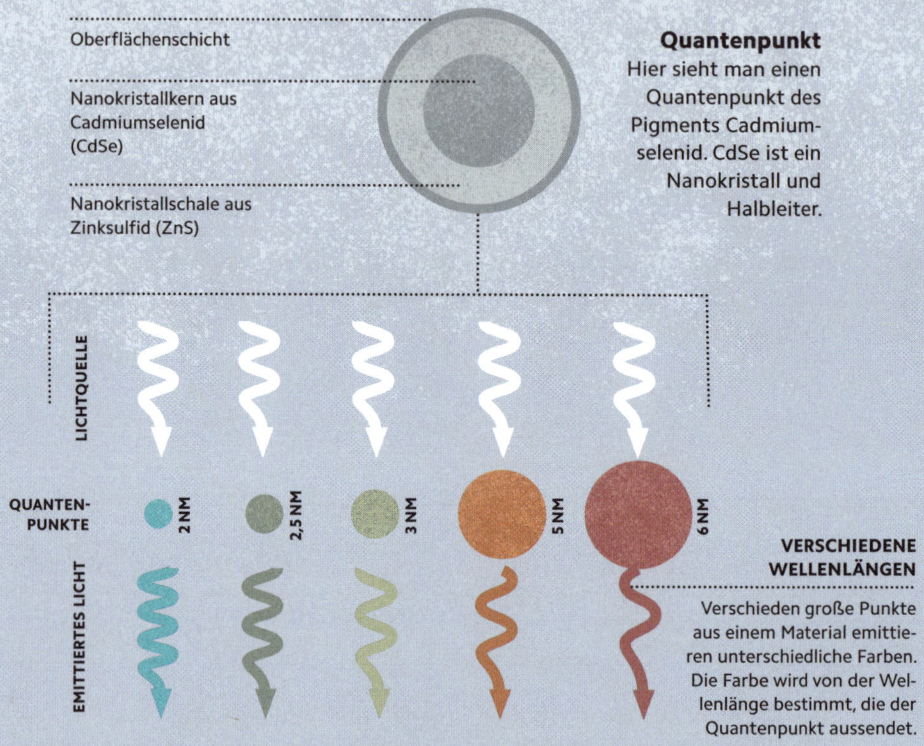

PHOTONISCHE KRISTALLE

Quantenpunkte sind Nanokristalle mit einzigartigen optischen und elektronischen Eigenschaften. Durch ihr hohes Verhältnis zwischen Oberfläche und Volumen sind sie photolumineszent – sie absorbieren und emittieren Licht. Werden sie mit Ultraviolettlicht bestrahlt, produzieren sie sichtbares Licht in verschiedenen Frequenzen, die von der Größe des Kristalls abhängen. Je größer der Quantenpunkt, desto niedrigerfrequent ist die Farbe (Rot, Orange), und je kleiner der Punkt, desto höherfrequent (Blau, Violett). Daraus könnten z. B. neue Arten von LEDs, Lasern und medizinischen Bildgebungsgeräten entstehen.

VÖLLIG NEUE EIGENSCHAFTEN

Metamaterialien sind künstlich hergestellte Werkstoffe mit Eigenschaften, die in der Natur noch nicht beobachtet wurden. Sie werden z. B. aus Metallen, Kunststoffen und Keramik hergestellt und bestehen aus hoch regelmäßigen Strukturen, die kleiner sind als die Wellenlänge ankommenden Lichts. Diese Anordnung verleiht ihnen außerordentliche optische Eigenschaften. Mit ihnen ließe sich vielleicht eine »Tarnkappe« erschaffen, die Licht um einen damit bedeckten Gegenstand herumleitet, sodass er unsichtbar ist. Auch Schallwellen könnten sich durch spezielle akustische Metamaterialien manipulieren lassen.

OHNE TARNKAPPE

Reflexion
Normalerweise prallen Mikrowellen von Objekten ab, ebenso wie sichtbares Licht (das höhere Frequenzen hat als Mikrowellen). Daher nehmen wir die Objekte wahr.

MIT TARNKAPPE

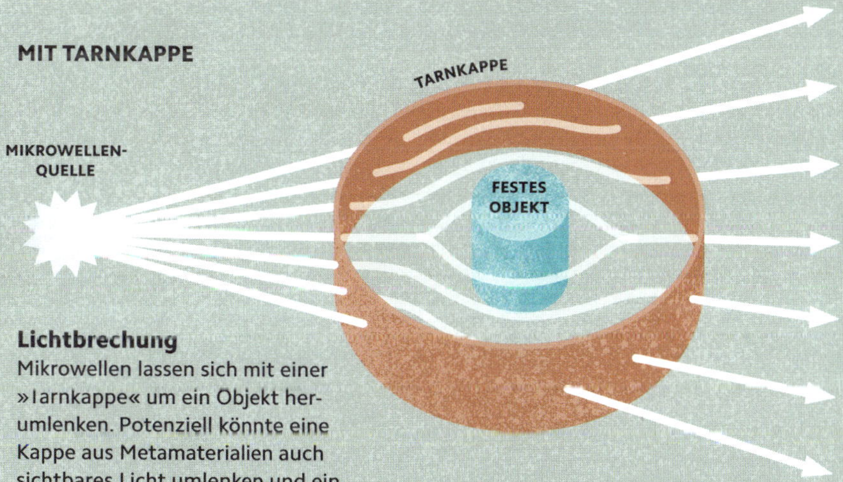

Lichtbrechung
Mikrowellen lassen sich mit einer »Tarnkappe« um ein Objekt herumlenken. Potenziell könnte eine Kappe aus Metamaterialien auch sichtbares Licht umlenken und ein Objekt unsichtbar machen.

SCHADENSBEGRENZUNG

Bestimmte Materialien können sich, ähnlich wie manche Lebewesen, ohne menschliche Eingriffe selbst reparieren, nachdem sie gerissen sind oder zerschnitten wurden. Dazu gibt es mehrere Möglichkeiten: Einige werden durch einen äußeren Reiz wie Licht oder Wärme angeregt, andere brauchen keinen solchen Stimulus. Am häufigsten sind selbstheilende Stoffe aus Polymeren aufgebaut, aber es gibt sie auch aus Metall, Keramik und verschiedenen Arten von Beton. Sie haben in der Regel eine wesentlich längere Lebensdauer als konventionelle Werkstoffe und werden daher vielseitig verwendet, beispielsweise im Straßenbau, für den Bau von Gebäuden und für Satelliten.

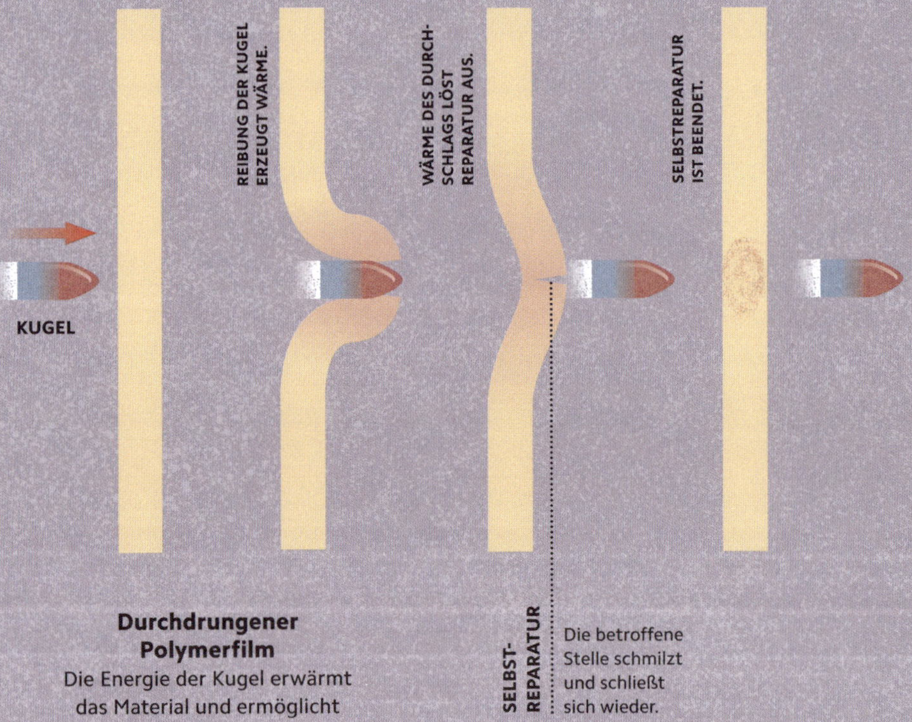

Durchdrungener Polymerfilm
Die Energie der Kugel erwärmt das Material und ermöglicht die rasche Selbstreparatur.

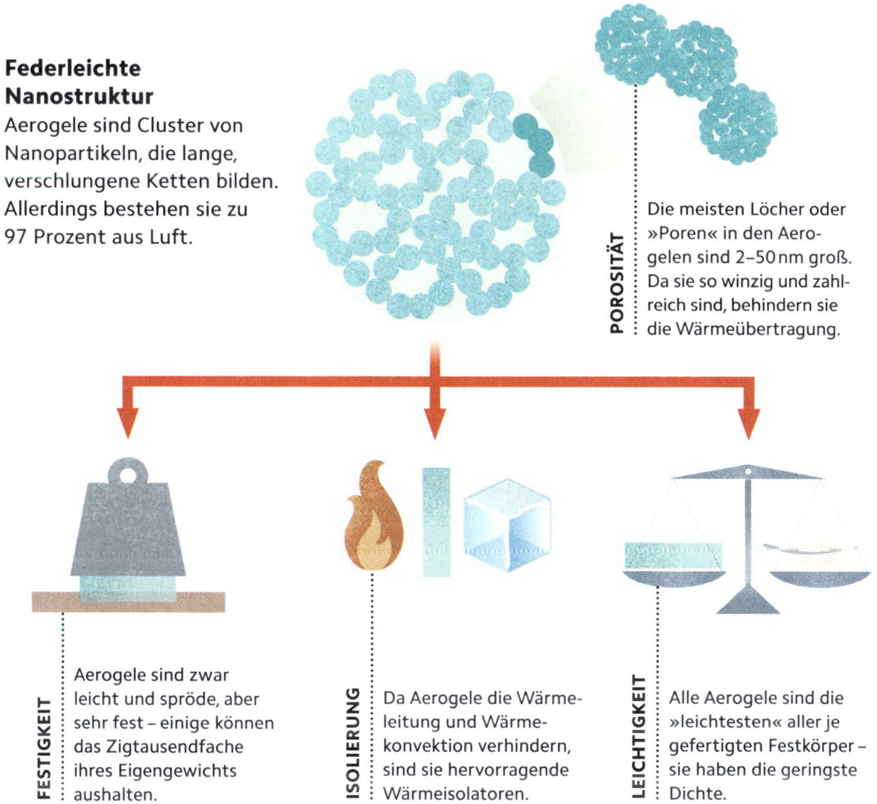

LEICHT UND DOCH STARK

Aerogele sind eine ultraleichte Werkstoffklasse, deren wolkenähnliches Äußeres ihre erstaunlichen Eigenschaften verbirgt. Der flüssige Anteil der ursprünglichen Struktur eines Gels wird durch ein Gas wie Luft ersetzt – daher der Name. Das Ergebnis ist ein starker Festkörper mit extrem niedriger Dichte, der so gut wie keine Wärme leitet und je nach Typ noch weitere Vorteile bietet. Sie werden vielseitig verwendet, z.B. als Wärmeisolatoren in Raumanzügen und bei den Mars-Rovern der NASA, in Teilchendetektoren, für gezielte Wirkstoffabgabe in der Medizin und für Sportgeräte.

TROCKEN-HAFTUNG

Die einzigartigen Strukturen an den Zehen von Geckos, mit denen sie über fast jede Fläche laufen, inspirieren neue Haftklebstoffe.

SUPER-STARKE MATERIALIEN

Spinnenseide ist die stärkste Faser in der Natur. Forschende versuchen, sie künstlich herzustellen.

SCHNELLERE BADEANZÜGE

Badeanzüge nach dem Vorbild der gefurchten, überlappenden Haischuppen ermöglichen höheres Tempo.

VON DER NATUR INSPIRIERT

Im Lauf der Jahrmillionen brachte die Evolution der Lebewesen geniale Lösungen für alle möglichen Probleme hervor. In der Biomimese oder Bionik entwickelt man der Natur nachempfundene Lösungen für viele Forschungsbereiche, z.B. in der Robotik und den Werkstoffwissenschaften. Biomimetische Materialien gibt es schon seit Jahrzehnten. Der Klettverschluss nach dem Vorbild von Kletten wurde um 1940 erfunden und jedes Jahr werden neue Werkstoffe mit nützlichen Eigenschaften entwickelt, von wassersammelnden Materialien nach dem Vorbild von Kakteen und Käfern bis hin zu Badeanzügen, deren Stoff der Haut von Haien ähnelt.

WASSER-KOLLEKTOREN

Manche Käfer können mit den Flügeln Wasser aus der Luft sammeln. Sie inspirieren die Konstruktion von Wasserkollektoren.

WELTRAUM-MATERIALIEN

Die Knochen- und Hornschichten von Gürteltierpanzern könnten Vorbild für neue, steife Werkstoffe in der Raumfahrttechnik sein.

FARBWECHSEL

Forschende hoffen, die Fähigkeit der Kopffüßer zu kopieren, die ihre Hautfarbe verändern können.

Reagierende Kleidung
Fortschritte in Bereichen wie der flexiblen Elektronik (siehe S. 18) führen dazu, dass Textilien mit verschiedenen Fähigkeiten ausgestattet werden.

COMPUTER IN DER KLEIDUNG

Intelligente Textilien haben neuartige Eigenschaften wie die Fähigkeit, die Umgebung oder auch die Person wahrzunehmen, die sie trägt. So erhält man bequeme, schützende und nutzliche Kleidung, die manchmal sogar mit Elektronik ausgestattet ist und wie ein tragbares Gerät (»Wearable«) benutzt werden kann. So gibt es Textilien, die auf Licht, Temperatur oder Schall reagieren. Einige Stoffe können sich selbst desinfizieren, »erinnern« sich an ihre Form oder sammeln sogar in Echtzeit Daten über die Gesundheit oder den Fitnesszustand der Person.

> »Biegsame Geräte sind die neue Triebkraft [des Smartphone-Markts].«
>
> Lee Jong-min, Vizepräsident von Samsung

BIEGSAME GERÄTE

Elektronische Schaltkreise sind in der Regel starr, aber wenn man die aktiven Komponenten auf flexiblen Substraten wie Filmen, Folien oder Geweben anbringt, werden sie biegsam. Flexible Solarzellen wurden erstmals um 1960 entwickelt und weitere technologische Fortschritte, z.B. bei gedruckten Schaltkreisen, führten zu einer riesigen Vielfalt an Geräten, die man biegen, zusammenrollen, verdrehen, strecken und falten kann. Heute gibt es bereits dünne, biegsame Schaltkreise mit integrierten Sensoren, die, auf der Haut getragen, den Gesundheitszustand überwachen.

DURCHSICHTIGE BILDSCHIRME

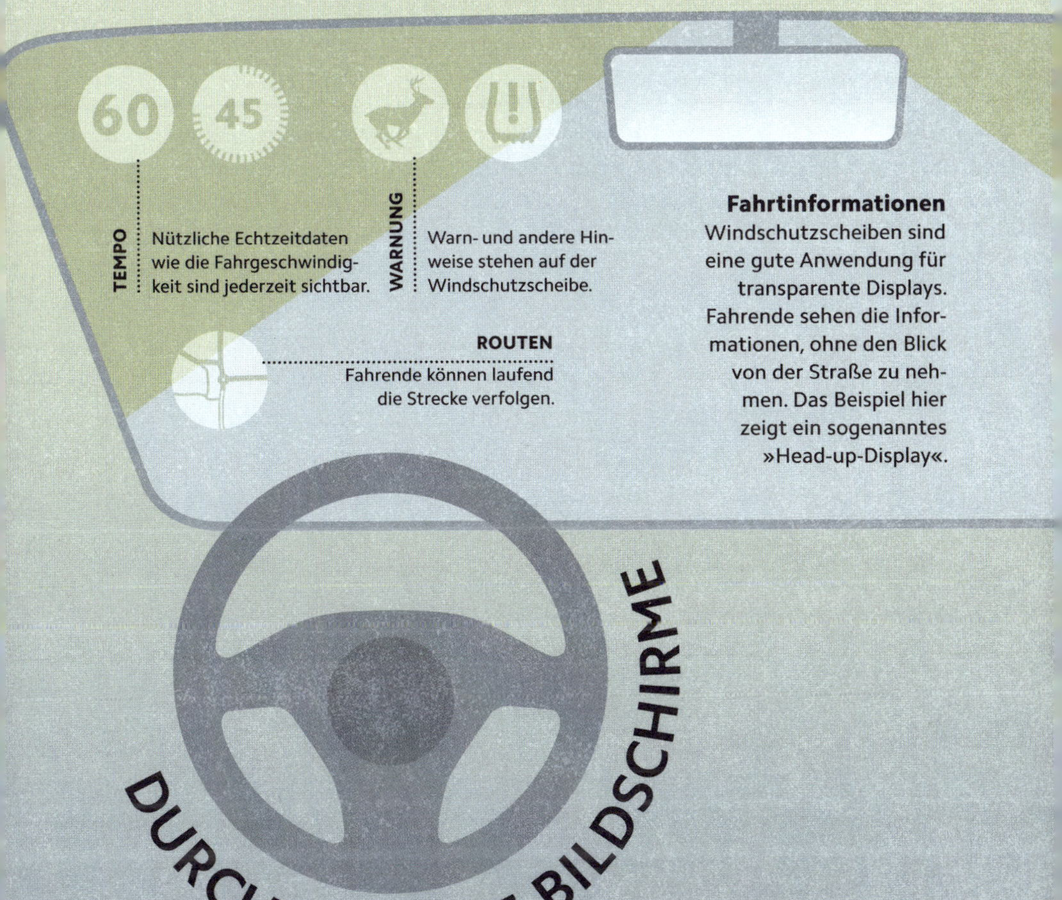

Fahrtinformationen
Windschutzscheiben sind eine gute Anwendung für transparente Displays. Fahrende sehen die Informationen, ohne den Blick von der Straße zu nehmen. Das Beispiel hier zeigt ein sogenanntes »Head-up-Display«.

Ein transparentes Display ist eine Fläche, die spezielle Inhalte anzeigt, während man gleichzeitig durch sie hindurchsehen kann. Es gibt im Wesentlichen zwei Arten: Emittierende Displays generieren die Bilder durch das Aussenden von Licht, während absorbierende Displays dazu Licht blockieren. Weitere Arten sind in der Entwicklung, darunter auch eine, die auf beliebigen durchsichtigen Flächen funktionieren soll. Solche Displays braucht man z. B. in AR-Systemen (»Augmented Reality«), die Benutzern digitale Inhalte über ihr Sichtfeld legen und ihnen Echtzeitinformationen über die Dinge liefern, die sie gerade ansehen.

PLASTIK MINUS ERDÖL

Plastik wird meist aus chemischen Stoffen hergestellt, die in umweltschädlichen Verfahren aus fossilen Brennstoffen gewonnen werden. Man kann aber Kunststoffe auch aus erneuerbarer Biomasse wie Mais, Zuckerrohr, Pflanzenöl, Holzspänen und Lebensmittelabfällen erzeugen. Sie werden als Biokunststoffe bezeichnet. Einige Arten sind biologisch abbaubar oder sogar kompostierbar und eignen sich daher ideal für Kompostbeutel, Verpackungsfolien und andere Wegwerfartikel. Derzeit wird aber nicht einmal ein Prozent des jährlich produzierten Kunststoffs aus Biomasse hergestellt. Forschende wollen diese Materialien kostengünstiger und leistungsfähiger gestalten, damit sie gegenüber den bisherigen Kunststoffen wettbewerbsfähig werden.

SO WIRD MAIS ZU KUNSTSTOFF

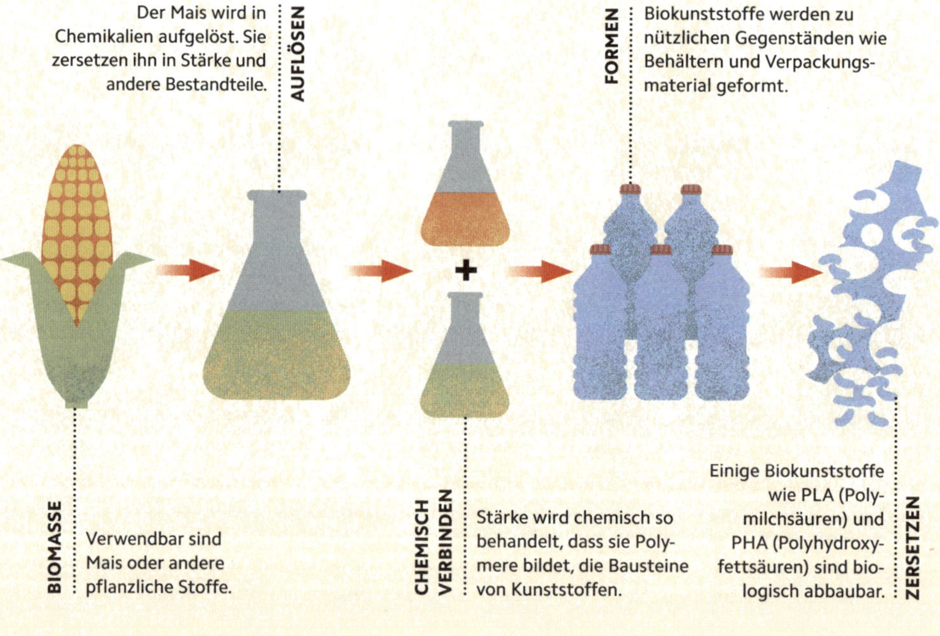

PLASTIK ABBAUENDE ENZYME

Da Plastikmüll die Umwelt und die öffentliche Gesundheit bedroht, untersuchen Forschende, wie sich Kunststoffe rascher zerlegen lassen. Bis eine Flasche aus Polyethylenterephthalat (PET) vollständig abgebaut ist, dauert es rund 450 Jahre. Eine Möglichkeit sind Bakterien, die Plastikmüll »fressen«. Einige Bakterien können Kunststoffe in unschädliche Stoffe zerlegen. *Ideonella sakaiensis* hat zum Beispiel die Fähigkeit entwickelt, PET mithilfe der Enzyme PETase und MHETase zu zersetzen. Nun hofft man, diese Eigenschaften durch Gentechnik (siehe S. 34) so zu verstärken, dass die nötige Menge und Geschwindigkeit erreicht wird.

ZÜCHTUNG VON PLASTIK FRESSENDEN BAKTERIEN

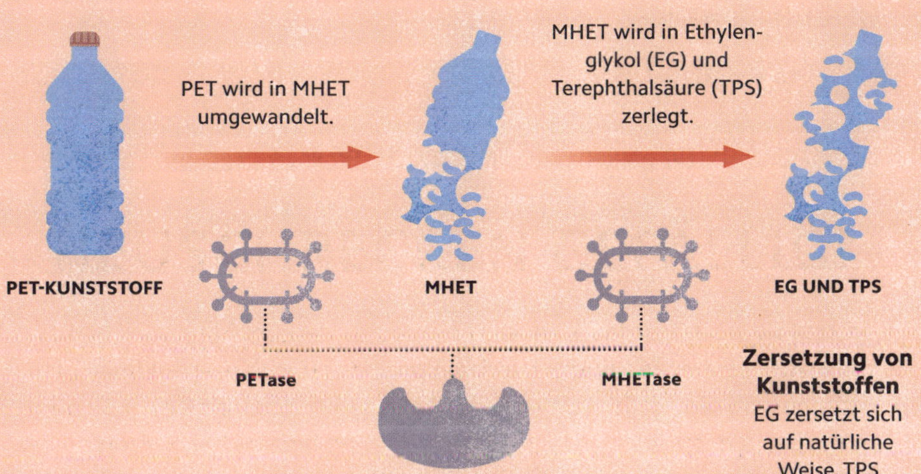

Zersetzung von Kunststoffen
EG zersetzt sich auf natürliche Weise. TPS lässt sich weiter zerlegen.

Von Enzymen verzehrt
Das Bodenbakterium *Ideonella sakaiensis* produziert Enzyme, die Kunststoffe »fressen«.

ALLES WIRD GEDRUCKT

Additive Fertigung oder 3-D-Druck steht für verschiedene Prozesse, bei denen 3-D-Objekte mittels eines computergesteuerten 3-D-Druckers aus digitalen Modellen produziert werden. Vorteile sind geringe Kosten, individuelle Anpassung und die hochpräzise Erstellung komplexer Formen. Forschende arbeiten an einer breiten Vielfalt von Dingen, darunter Nahrungsmittel (siehe S. 55), maßgeschneiderte medizinische Implantate und sogar lebende Gewebe (siehe S. 39).

Extrusion
Filamente (meist aus Kunststoff) werden in einem Düsenkopf geschmolzen und dann herausgepresst.

2-D-Objekt
Ein flaches Objekt wird gedruckt. In der Struktur sind Materialien mit unterschiedlichen Eigenschaften sorgfältig angeordnet. Es lässt sich gut lagern und transportieren.

Wärme und Feuchtigkeit
Das flache Objekt wird in heißes Wasser getaucht. Da die verschiedenen Werkstoffe unterschiedlich auf Hitze und Nässe reagieren, verbiegt sich das Objekt in die gewünschte Form.

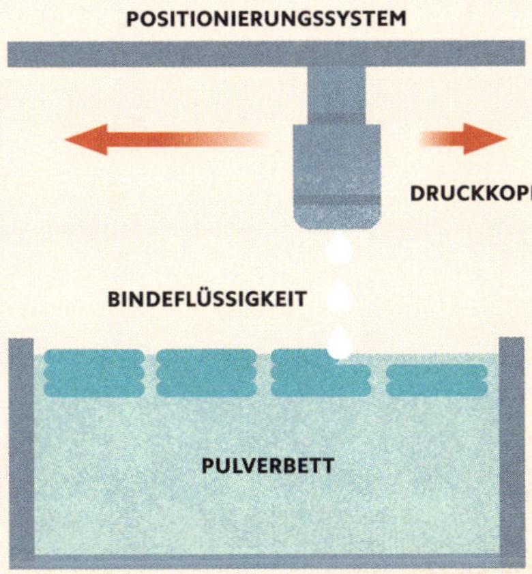

Binder-Jetting-Verfahren
Der Druckkopf appliziert nach und nach flüssiges Bindemittel auf die einzelnen Schichten aus pulverisiertem Material, die nach und nach zum fertigen Objekt verkleben.

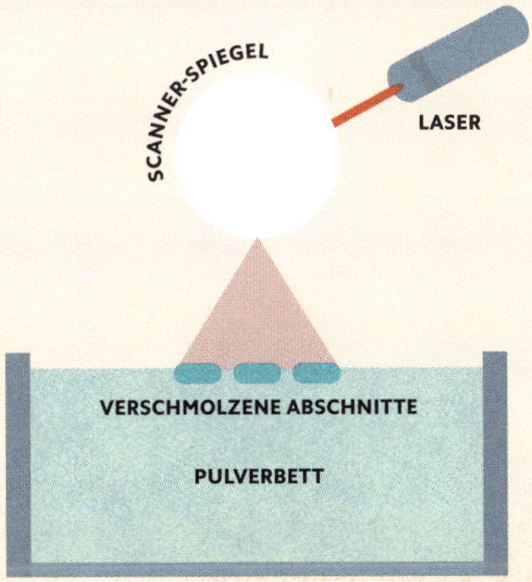

Selektives Lasersintern
Ein Spiegel lenkt einen starken Laserstrahl auf das Pulver, das dadurch zu einer festen Masse verschmilzt.

ULTIMATIVES ORIGAMI

Der 4-D-Druck oder »Aktives Origami« ist ein additiver Fertigungsprozess für »lebendige« 3-D-Objekte, die ihre Form aufgrund äußerer Reize wie Wärme oder Licht verändern. Dafür werden die einzelnen Materialien in dem Objekt sorgfältig angeordnet. Jedes von ihnen reagiert unterschiedlich auf bestimmte Reize, z. B. schwellen einige Abschnitte im Wasser an. So stellt man Rohre her, die ihren Durchmesser verändern, oder Gegenstände, die sich selbst in Form bringen.

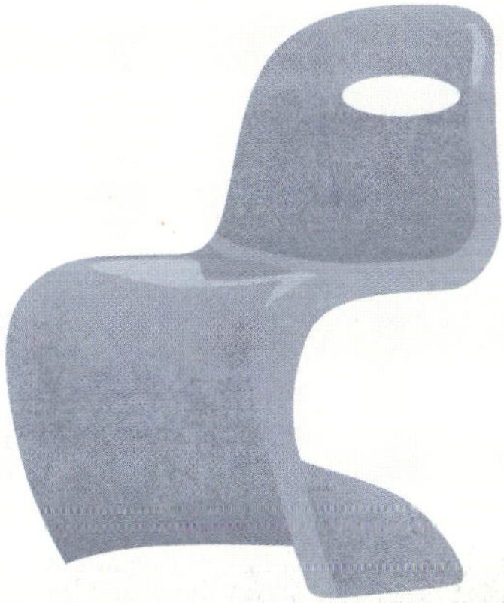

Fertige Stuhlform
Die Materialien sind so »programmiert«, dass sie sich nicht weiter verformen, wenn sie diese Stuhlform erreicht haben. So lassen sich Dinge in allen möglichen Formen und Größen herstellen.

BIO-
TECHNO

LOGIE

Bahnbrechende Fortschritte in der Biotechnologie transformieren derzeit zahlreiche Bereiche, darunter nicht zuletzt das Gesundheitswesen. Bioprinting eröffnet die Aussicht, menschliche Organe herzustellen. Der Einsatz von Nanotechnologie in der Medizin ermöglicht hohe Präzision und die Begrenzung unerwünschter Nebenwirkungen. Laborfunktionen werden auf Briefmarkengröße verkleinert, sodass sich Tests am Krankenbett durchführen und die Ergebnisse direkt ablesen lassen. Durch Zell-Engineering wollen Forschende kranke oder beschädigte Körperteile heilen, durch Gentechnologie dagegen akute Störungen behandeln oder gar ausgestorbene Arten wiederbeleben.

DIE GENETISCHEN CODES

Die Genetik erforscht einzelne Gene (siehe rechts), die Genomik dagegen die Gesamtheit der Gene eines Organismus, sein Genom. Die Sequenz des menschlichen Genoms, also die Reihenfolge der Milliarden Nukleotide – der Bausteine von RNA und DNA – ist bekannt, ebenso wie die vieler weiterer Organismen. Biologie und Medizin haben dadurch große Fortschritte erzielt. Mit Genomabschnitten, die mit vorteilhaften Eigenschaften verknüpft sind, lassen sich nützliche Varianten anderer Lebewesen herstellen, wie z. B. dürreresistente Nutzpflanzen (siehe S. 50).

Im Detail
Die Genetik zeigt, wie einzelne Gene (DNA-Sequenzen auf einem einzelnen Chromosom) Eigenschaften und Krankheiten (siehe unten) auf neue Generationen übertragen können.

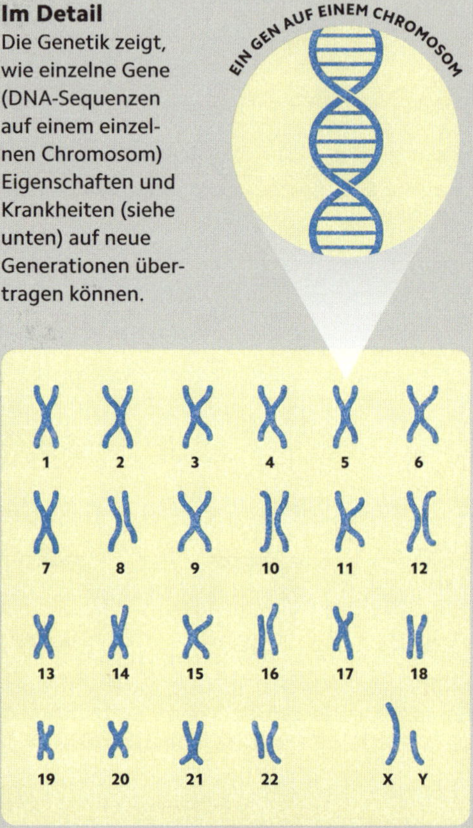

Das Gesamtbild
Die Genomik untersucht mithilfe der Genomsequenzierung, wie Gene untereinander und mit der Umwelt in Verbindung stehen. So soll erforscht werden, wie diese Faktoren die Entwicklung von Lebewesen beeinflussen und zu Krankheiten beitragen.

GEN-WECHSELWIRKUNGEN AUF EINEM VOLLSTÄNDIGEN CHROMOSOMENSATZ

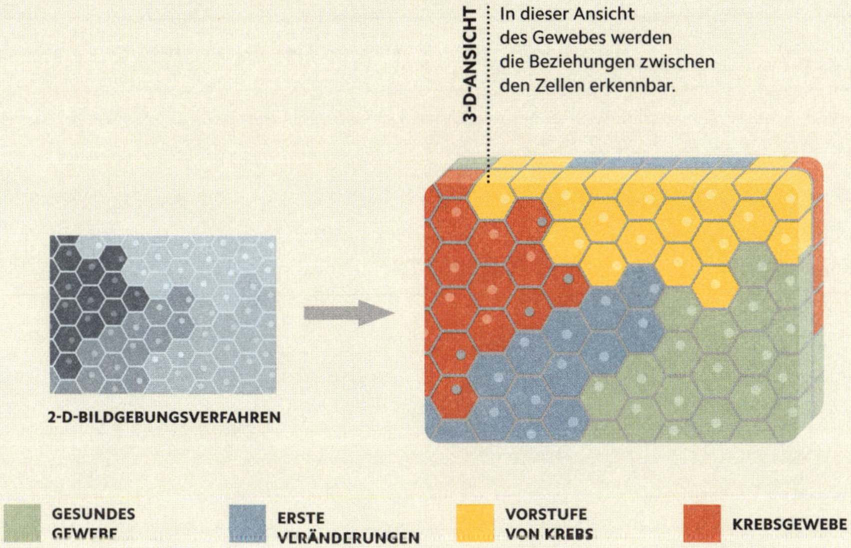

Darstellung des Gewebes
Durch die Erstellung äußerst genauer 3-D-Modelle von Körpergeweben können Forschende, die sich mit räumlicher Biologie befassen, nicht erst krankes Gewebe erkennen, sondern bereits frühe Veränderungen in umliegenden Zellen.

BIOLOGISCHE MODELLE

Biologische Systeme sind komplizierte 3-D-Netzwerke und die räumliche Biologie ermöglicht nun ihre exakte Darstellung in 3-D-Modellen. Sie kombiniert die neueste Genomsequenzierung mit Bildgebungsverfahren wie Immunfluoreszenz, also dem Einsatz fluoreszierender Farbstoffe zur Sichtbarmachung von Zielobjekten, und modelliert so die Anordnung von Millionen unterschiedlicher Zelltypen im Gewebe. So lassen sich Zellen, Proteine und andere Faktoren räumlich innerhalb ihrer komplexen biologischen Umgebung studieren. Die Detailgenauigkeit liefert neue Erkenntnisse, z.B. über die Aktivitäten von Tumorzellen (siehe oben).

INDIVIDUELLE ANPASSUNG

Aus der DNA-Sequenz im Genom einer Person lässt sich teilweise ablesen, ob sie ein besonderes Risiko für eine bestimmte Erkrankung hat und ob sie auf eine Therapie ansprechen wird oder nicht. Die Erforschung der Zusammenhänge zwischen der Genomik (auch der genetischen Biomarker) und Krankheiten ermöglicht es Ärztinnen und Ärzten, maßgeschneiderte Vorsorge- und Behandlungspläne zu erstellen. Um 2020 hatten bereits Dutzende von Millionen Menschen ihr Genom sequenzieren lassen, sodass weitgehend einmütig prognostiziert wird, dass die personalisierte Medizin die Gesundheitsversorgung bald revolutionieren wird.

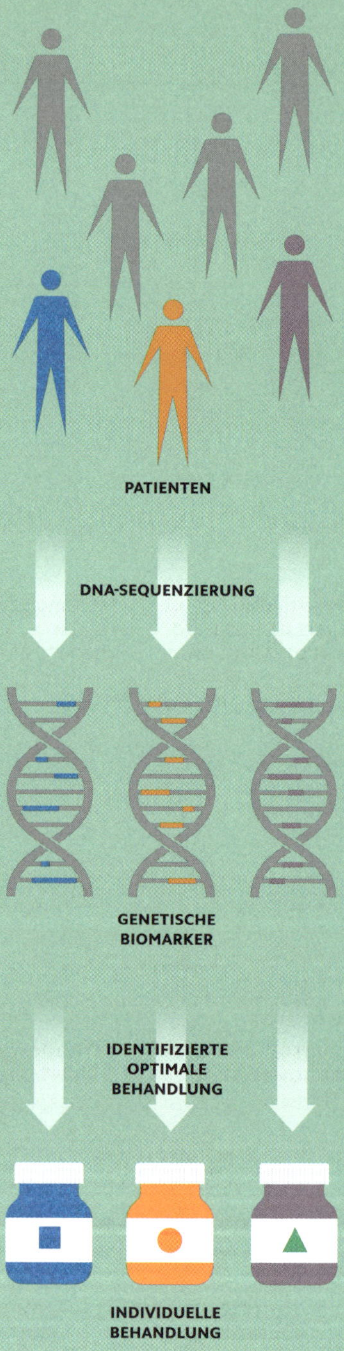

Feststellung der Unterschiede
Wenn eine festgestellte genetische Mutation (siehe S. 36) mit Informationen über den Lebensstil einer Person verknüpft wird, können Ärztinnen und Ärzte die Therapie auswählen, die den größten Erfolg verspricht.

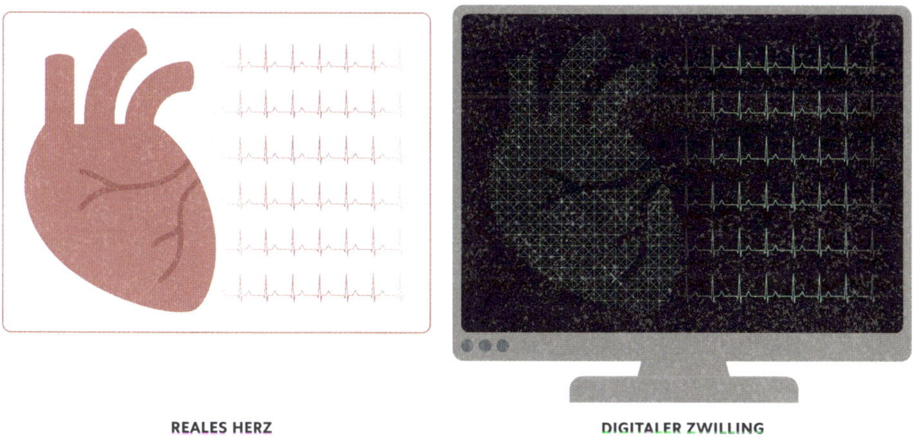

Modellierung des Herzens
Simulationssoftware erstellt anhand der Daten von diagnostischen Bildgebungsverfahren wie Computertomografie (CT) und Magnetresonanztomografie (MRT) sowie von Molekularanalysen und Symptombewertungen einen digitalen Zwilling des Herzens einer Patientin oder eines Patienten.

VIRTUELLE NACHBILDUNG

Digitale Modelle oder »Zwillinge« physischer Objekte dienen zur Simulierung ihres echten Verhaltens. Zur Erstellung eines digitalen Zwillingsorgans wie des Herzens muss man laufend die aktuellen Daten über das Herz einer lebenden Person eingeben. Dann kann der Zwilling Ärztinnen, Ärzten und Wissenschaftlern zeigen, wo die Ursache einer Fehlfunktion liegt und welche Behandlung den größten Erfolg verspricht. Bei Herzkreislauferkrankungen wie z.B. Herzrhythmusstörungen könnte man so die Erkrankten anhand klinischer, bildlicher, molekularer und anderer Variablen in Gruppen einteilen, für die dann geeignete Diagnose- und Therapieverfahren ausgewählt werden.

KI-GESUNDHEITSCHECK

Künstliche Intelligenz (KI) kann potenziell die Genauigkeit und Schnelligkeit medizinischer Diagnosen steigern, was dem Personal mehr Zeit für die Versorgung verschaffen würde. KI kann große Datenmengen aus Elektrokardiogrammen (EKG), Pulsmessungen, Krankenakten und demografischen Informationen verarbeiten und so ein umfassenderes Bild des Patienten liefern. Die medizinischen Fachleute können so Risiken erkennen, Krankheiten vorbeugen oder früher diagnostizieren und Fehldiagnosen verringern. Auch die Therapiemöglichkeiten ließen sich vervielfältigen und die Ergebnisse verbessern. Präzision und Früherkennung von Biomarkern könnten z.B. individuelle Krebstherapien ermöglichen.

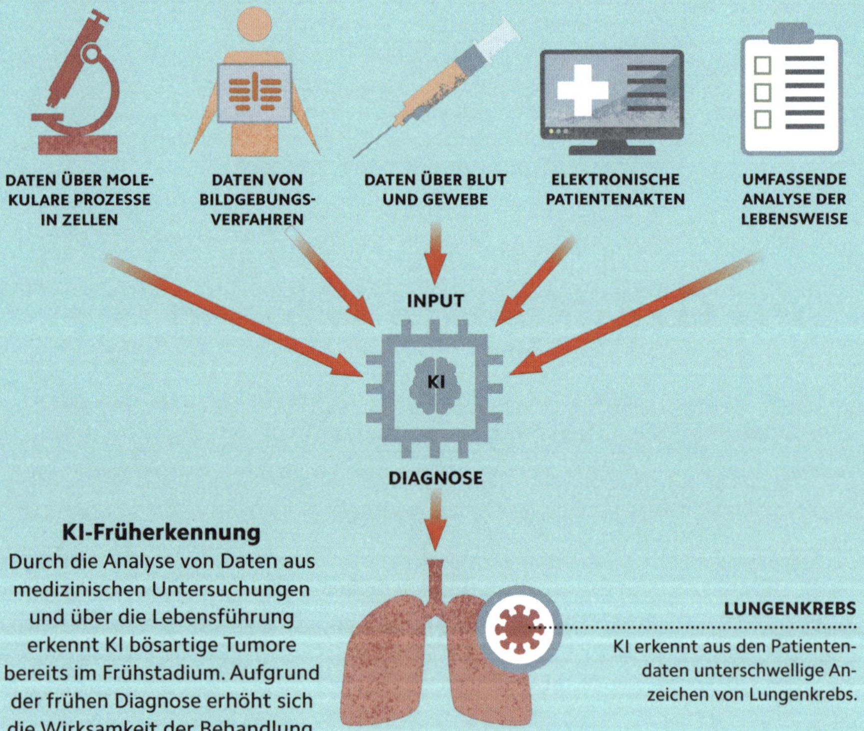

KI-Früherkennung
Durch die Analyse von Daten aus medizinischen Untersuchungen und über die Lebensführung erkennt KI bösartige Tumore bereits im Frühstadium. Aufgrund der frühen Diagnose erhöht sich die Wirksamkeit der Behandlung.

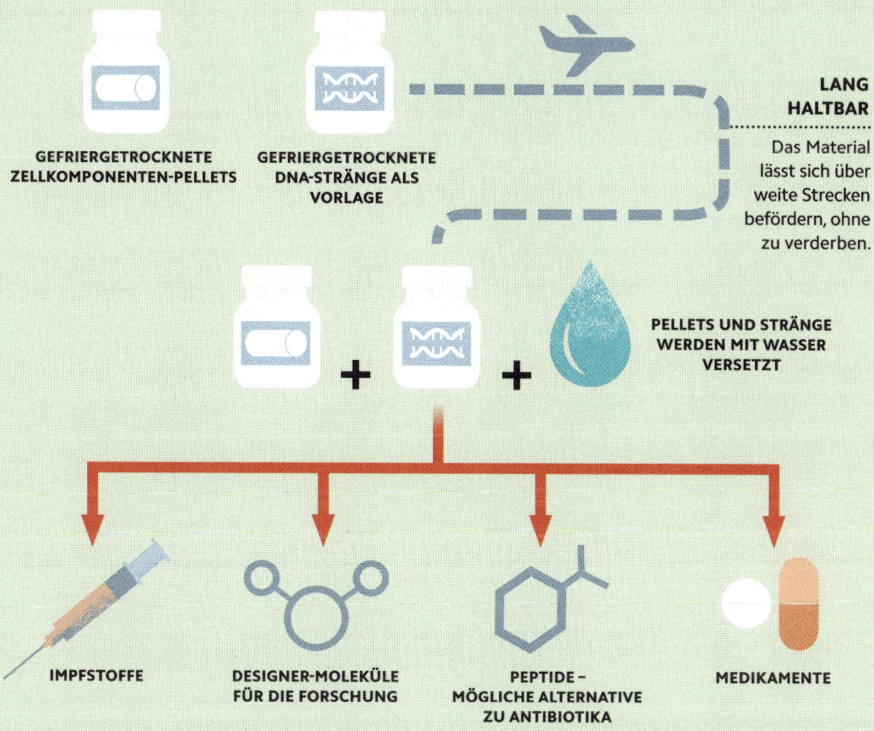

MEDIZIN SELBST GEMIXT

Die Nachfrage nach Biopharmazeutika – Medikamenten oder Impfstoffen aus lebenden Zellen oder Organismen – wächst stetig. Arzneimittel, die DNA enthalten, müssen bei -80 °C gelagert werden, aber ihr Einsatzort ist meist weit von der Gefrierkammer eines Labors entfernt. Damit sie sicher transportiert und gelagert werden können, werden sie daher gefriergetrocknet. Die Zellbestandteile und DNA-Stränge werden getrennt voneinander als Pellets eingefroren, sodass sie lange Zeit stabil bleiben. Am Einsatzort, der oft weniger gut ausgestattet ist, z. B. auch in Kriegsgebieten, werden sie mit Wasser versetzt und ergeben Medikamente und Impfstoffe.

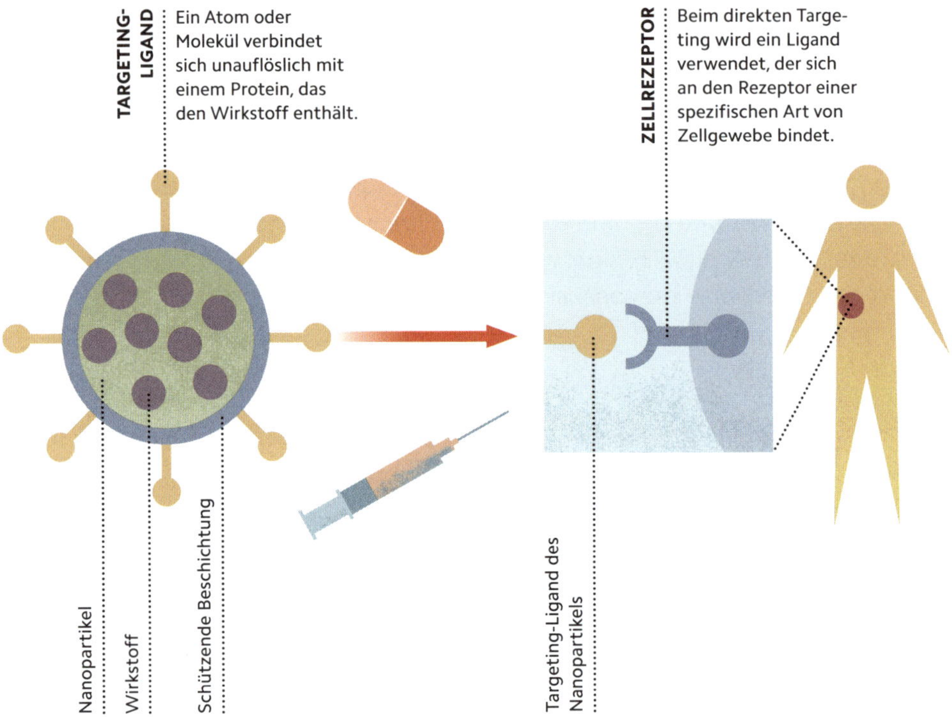

MINIATUR-MEDIZIN

In der Nanomedizin setzt man Nanopartikel mit nur 1–100 nm Durchmesser ein. Im Gegensatz zu Mikro- und Nanorobotern (siehe S. 116) reagieren Nanopartikel nicht auf ihre Umgebung und können keine speziellen Zielorte ansteuern. Daher nutzt die Nanomedizin Atome oder Moleküle als Liganden, die sich an spezifische Zellen binden. Aufgrund ihrer relativ großen Oberfläche und Winzigkeit entfalten die Nanopartikel eine hohe therapeutische Wirksamkeit, das heißt, die Dosis und damit auch die Nebenwirkungen der Medikamente sind niedriger. Auch zur Diagnose, Überwachung und Vorbeugung gegen Krankheiten nutzt man Nanopartikel.

SOFORTIGE DIAGNOSE

Ein Mikroanalysesystem oder »Lab-on-a-Chip« ist ein winziges Labor auf einer Plattform, die meist nur 19,5 cm^2 groß ist. Die Probenflüssigkeit wird durch Mikrokanäle in der Plattform durch eine Reihe von Operationen geleitet, sodass an Proben aus nur einer Zelle oder einem Tropfen mehrere Analysen durchgeführt werden. Dies kann direkt am Krankenbett erfolgen. Das System erfordert integrierte Pumpen sowie Ventile, Reagenzstoffe und Elektronik wie in echten Laboratorien.

Sofortiges Ergebnis
In den winzigen Labors werden Mikroproben augenblicklich analysiert, sodass direkt die Diagnose gestellt werden kann.

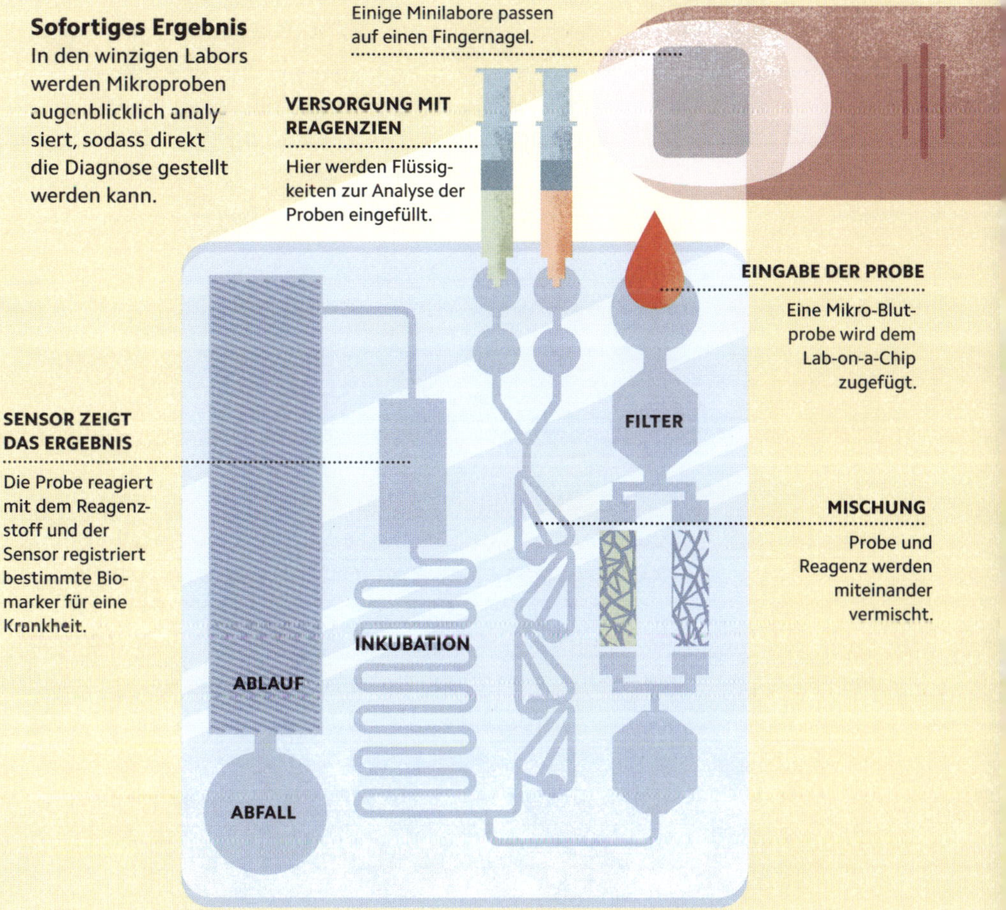

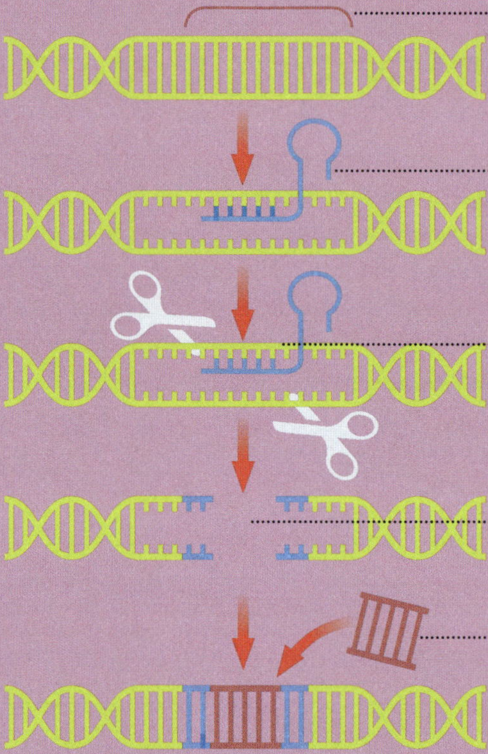

DNA-SCHNIPSEL

Forschende manipulieren Gensequenzen, indem sie DNA-Segmente ausschneiden oder einfügen. So können sie ein fehlerhaftes Gen entfernen oder ändern und sogar ein Gen einer anderen Art in das Genom eines Lebewesens einfügen. Saatgut wird z.B. in dieser Form oft genetisch modifiziert, damit es gegen Schädlingsbekämpfungsmittel resistent wird oder besonders viele spezielle Nährstoffe enthält. Mittels Gentechnik werden auch Mikroorganismen entwickelt, die menschliches Insulin oder Proteine für die Blutgerinnung produzieren. Damit werden Diabetes und Hämophilie behandelt. Die Genschere CRISPR-Cas9, die spezifische DNA-Sequenzen erkennt und herausschneidet, erhöht die Effizienz und Genauigkeit der Gentherapie und senkt damit die Kosten (siehe S. 36).

VERBESSERUNG DER NATUR

Das Ziel der synthetischen Biologie ist, Organismen zum Nutzen verschiedener Industriezweige so zu verändern, dass sie Dinge tun können, die sie in der Natur nicht tun. Im Gegensatz zur Gentechnik, die die DNA-Sequenz nur minimal verändert, wird hier der gesamte genetische Code eines Lebewesens neu kombiniert. Dazu werden lange Stränge künstlicher DNA oder der DNA einer anderen Art eingefügt. Auf diese Weise wurden bereits Bakterien so manipuliert, dass sie Medikamente herstellen, und modifizierte Seidenraupen produzieren festere Seide.

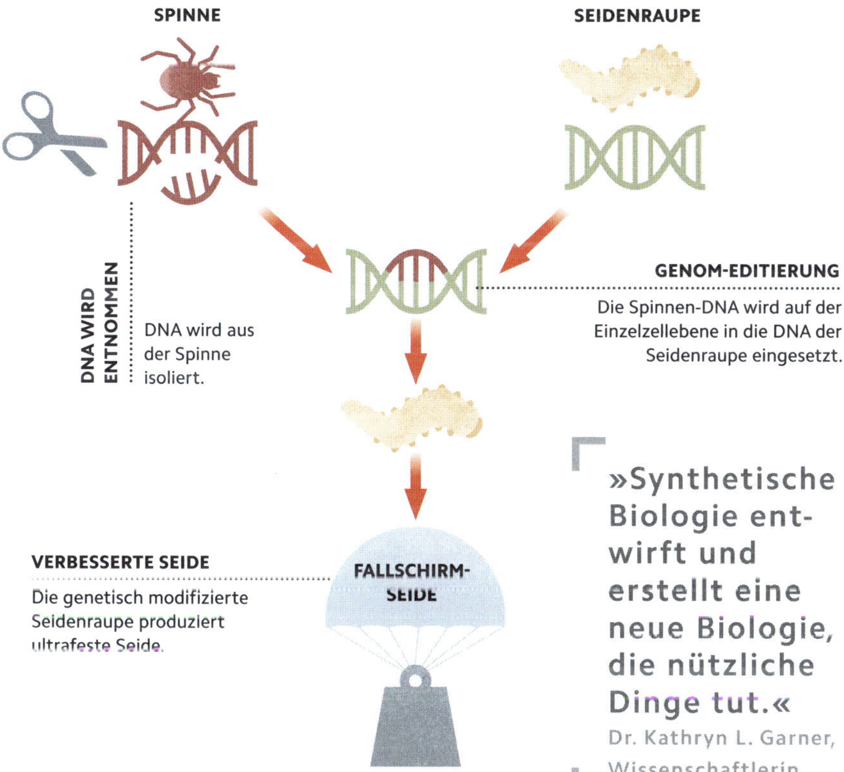

> »Synthetische Biologie entwirft und erstellt eine neue Biologie, die nützliche Dinge tut.«
> Dr. Kathryn L. Garner, Wissenschaftlerin

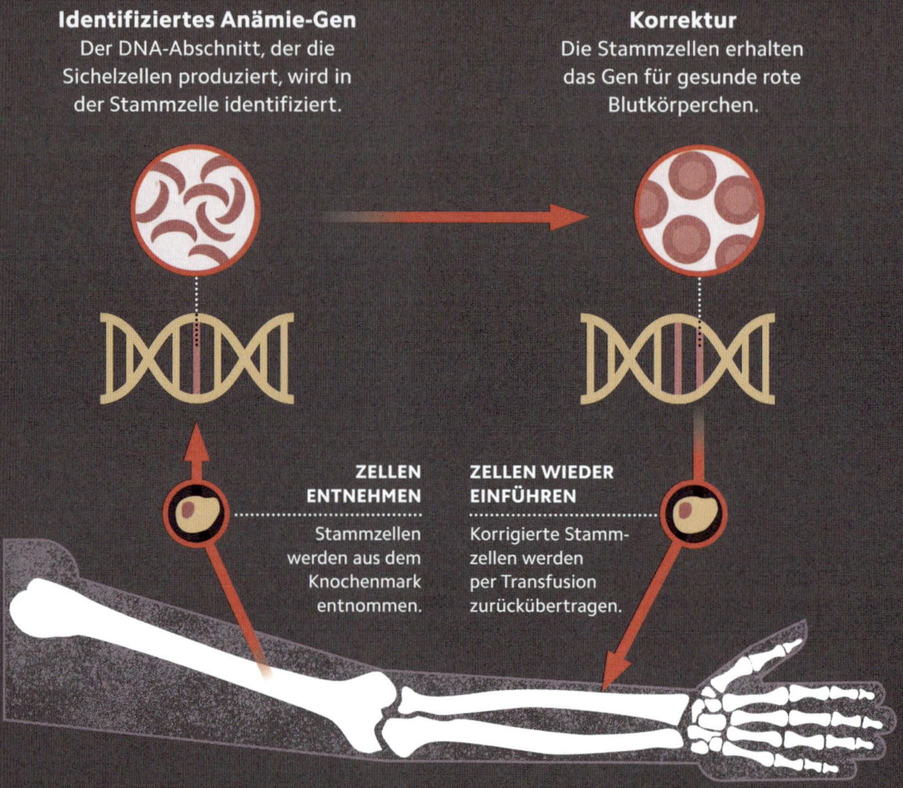

ENTNEHMEN UND ÄNDERN

Der Wunsch, durch eine Übertragung von genetischem Material in einzelne Zellen Erbkrankheiten zu heilen, ist bereits erfüllt. Inzwischen kann man Gene, die Krankheiten verursachen, ersetzen oder deaktivieren oder man kann modifizierte Gene über verschiedene Trägermoleküle, die Vektoren, in die Zellen einfügen. Dafür werden zunächst Stammzellen aus dem Knochenmark des Patienten entnommen und diesen wird ein gesundes oder korrigiertes Gen eingesetzt. Forschende können z. B. einer Patientin, die an Sichelzellenanämie leidet, Stammzellen entnehmen, das fehlerhafte Hämoglobin-Gen ersetzen und die behandelten Zellen in den Blutkreislauf der Patientin einführen.

ZELL-ENGINEERING

Durch Zelltherapie sollen Krankheiten gestoppt oder umgekehrt und geschädigte Organe wiederhergestellt werden. Dazu werden Stammzellen verwendet, die sich zu beinahe jedem Zelltyp im Körper entwickeln können, aber auch Zellen, die außerhalb des Körpers modifiziert wurden. Ärztinnen können T-Zellen (Teile des Immunsystems) von Krebspatienten entnehmen und sie gentechnisch in chimäre Antigenrezeptor-T-Zellen (CAR-T) umwandeln. Werden die CAR-T-Zellen wieder in den Blutkreislauf der Patienten eingeführt, identifizieren sie spezifische Proteine in Krebszellen und zerstören sie.

CAR-T-Zelltherapie
Die eigenen T-Zellen werden entnommen, gentechnisch verändert, sodass sie Krebszellen attackieren, und dann wieder zurückübertragen.

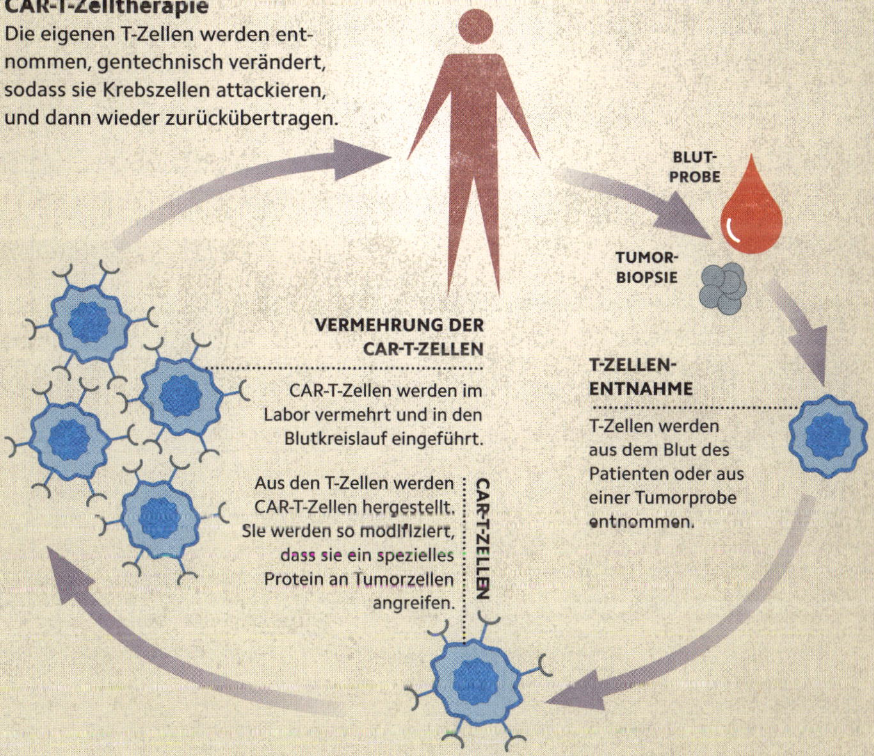

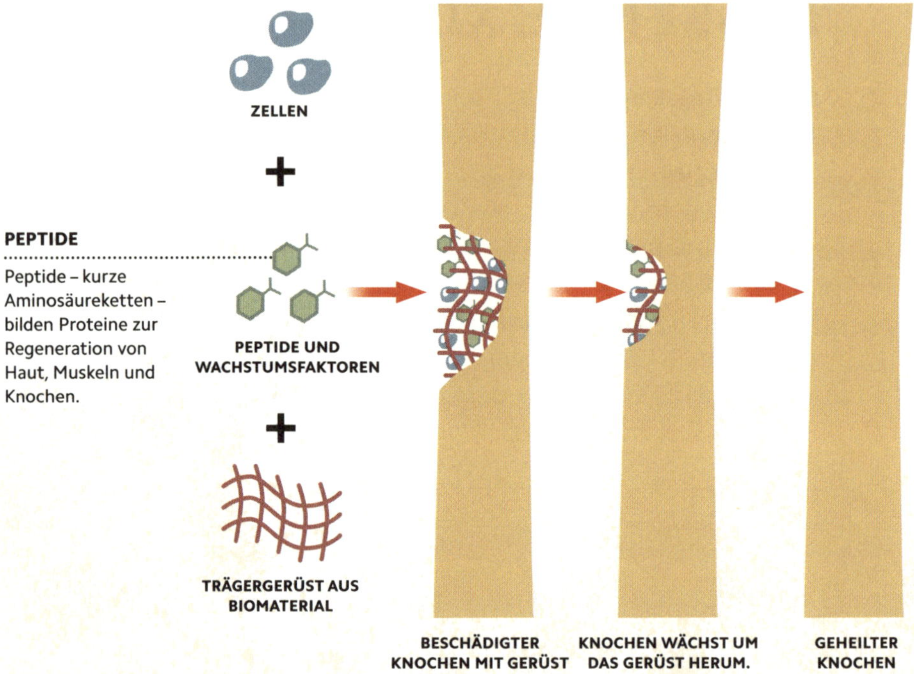

GESTÜTZTE REGENERATION

Gewebezucht wird auch als »Tissue Engineering« bezeichnet. Die Zellen eines Patienten werden von einem Gerüst oder »Scaffold« aus einem biologisch abbaubaren Stoff so gestützt, dass sie um eine kranke oder beschädigte Stelle herum wachsen. In das Gerüst werden Stammzellen und andere Zellen sowie Wachstumsfaktoren eingefügt. Sie wachsen dort und bilden neues Gewebe. Mit dieser Methode wird die Transplantation von einem Spender vermieden. Sie eignet sich für Knochen-, Haut-, Knorpel- und Herzgewebe. Bisher wurden bereits Knorpel aus dem Knie wiederhergestellt und Forschende konnten im Labor aus Knochenzellen (Osteoblasten), Wachstumsfaktoren und einem Gerüst aus Biomaterial ausgereifte Knochenimplantate züchten.

PASSENDE KÖRPERTEILE

Ein 3-D-Drucker, der statt Tinte oder Kunststoff Zellen und Biomaterialien verwendet, kann Gewebe ausdrucken. Die Druckvorlagen werden aus CT- und MRT-Scans von noch vorhandenem Gewebe erstellt. Computertomografie (CT) kombiniert mehrere Röntgenaufnahmen und MRT funktioniert über Magnetresonanz. Der Bioprinter arbeitet von unten nach oben und verwendet »Biotinte« – eine Mischung aus Zellen, Gewebematrix und Nährstoffen. Das resultierende Gewebe ist besser als bei der Zucht in Petrischalen. Ziel ist letztendlich, vollständige, implantationsfähige Organe zu drucken.

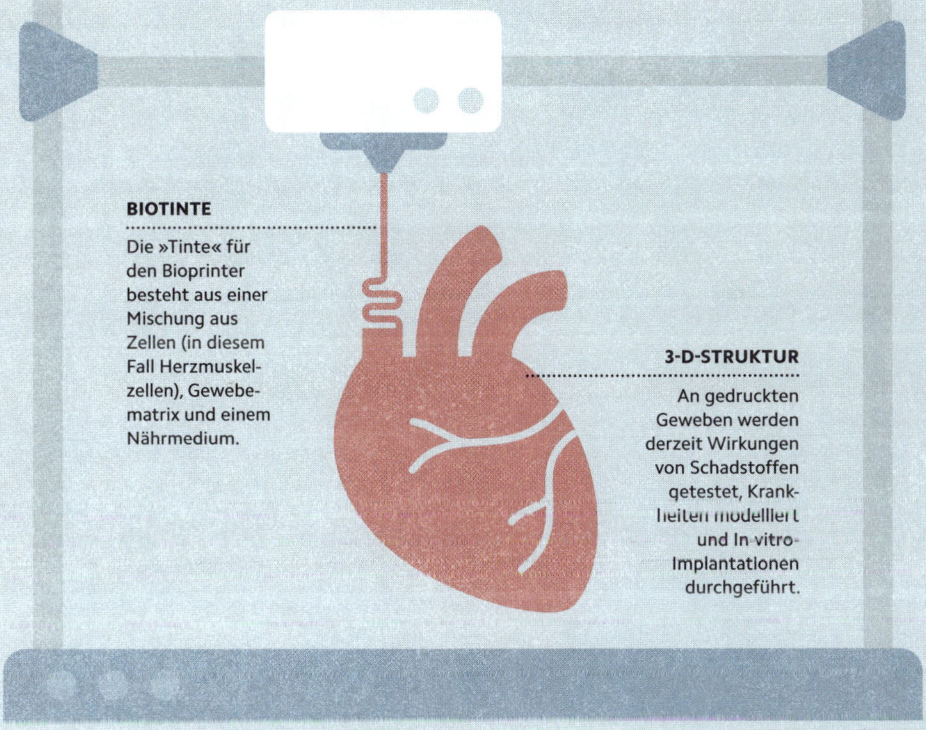

KÜNSTLICHE GEBÄRMUTTER

Könnten wir die Entwicklungsumgebung im Uterus nachbilden, hätten sehr früh zur Welt gekommene Babys bessere Überlebenschancen. Forschende übertragen Lammföten in sterile Beutel, die als künstliche Gebärmutter fungieren. Voraussetzung ist, dass das Herz bereits Blut pumpen kann. Eine Flüssigkeit, die das Fruchtwasser simuliert, wird in den Beutel hinein und wieder heraus gepumpt. Eine Ersatzplazenta, der sogenannte »Oxygenator«, wird mit der Nabelschnur des Fötus verbunden. Das Herz des Fötus pumpt mit Abfallstoffen angereichertes Blut zur Plazenta und sauerstoffreiches Blut mit Nährstoffen fließt zurück.

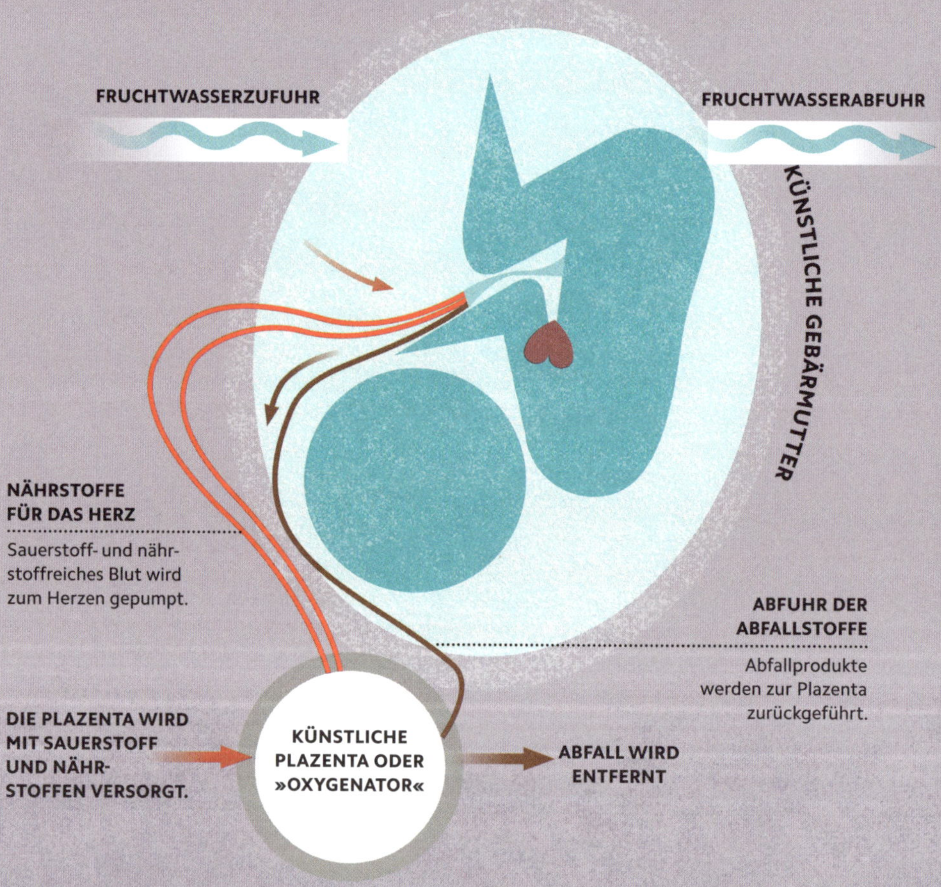

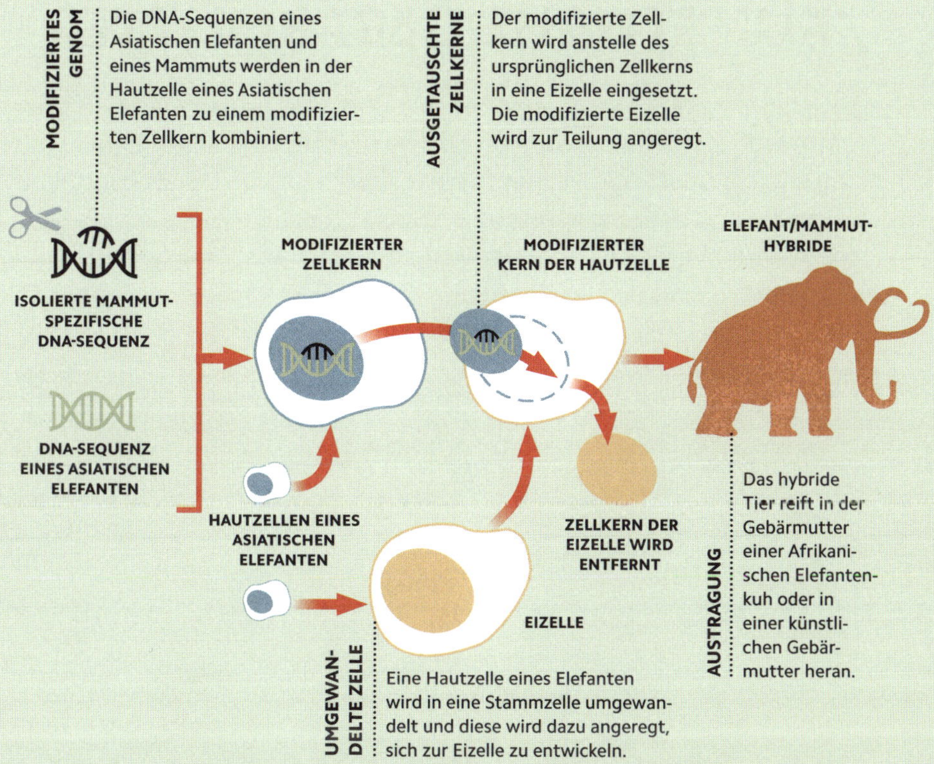

WIEDERERWECKUNG

Mithilfe der Biotechnologie wäre es möglich, Tiere zu erschaffen, die ausgestorbenen Arten gleichen. Dies ginge mit ähnlichen Methoden wie 1996 beim Klonen des Schafs Dolly: Eine ausgereifte Zelle mit modifizierter DNA würde mit einer unbefruchteten Eizelle ohne eigene DNA verschmolzen. Theoretisch müsste es möglich sein, mit der Genschere CRISPR-Cas9 (siehe S. 34) ausgestorbene Arten wiederzubeleben, wenn ihr Genom als Vorlage dienen kann. Das Gewebe dieser Tiere ist jedoch so alt und beschädigt, dass das Genom Lücken aufweist. Derzeit wird diskutiert, ein Mammut in einer künstlichen Gebärmutter heranzuziehen (siehe linke Seite).

ZELLERNEUERUNG

Wenn junge Zellen krank oder beschädigt werden, entfernt der Körper sie durch den programmierten Zelltod. Gealterte schadhafte Zellen werden jedoch nicht entfernt, sondern sammeln sich im Alter und an chronisch kranken Stellen an und verursachen Schaden. Zur Behandlung von Arthritis und anderen Entzündungskrankheiten erproben Forschende daher sogenannte Senolytika, die gealterte Zellen entfernen und ihren Zelltod bewirken.

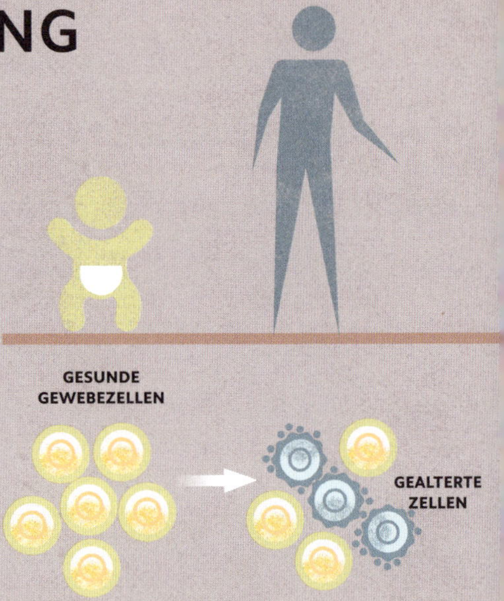

Beerdigung und Baumpflanzung
Der Körper wird in eine biologisch abbaubare Kapsel gelegt und tief unter der Erde begraben. Über der Kapsel wird ein Baum gepflanzt.

Zersetzung
Im Lauf mehrerer Monate zersetzt sich die Kapsel langsam und die darin enthaltenen organischen Stoffe verwandeln sich in mineralische Pflanzennährstoffe.

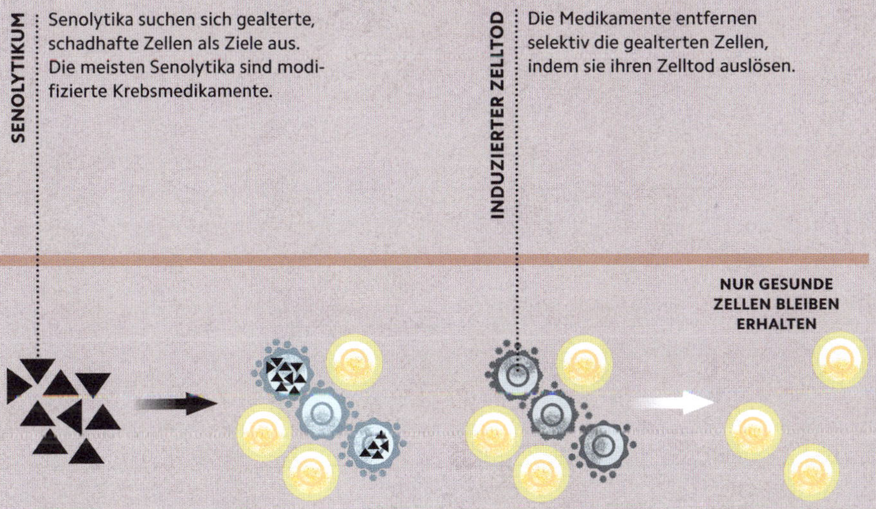

ÖKOLOGISCHER ABSCHIED

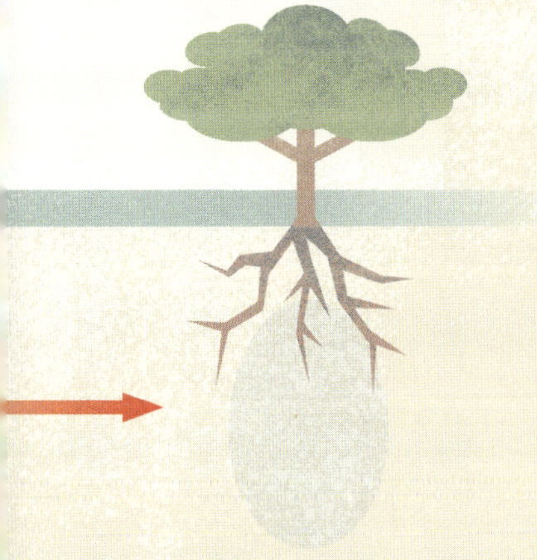

Neues Leben
Die Nährstoffe aus der Kapsel und ihrem Inhalt werden von dem wachsenden Baum aus dem Boden aufgenommen.

In biologisch abbaubaren Kapseln kann man sich umweltfreundlich beerdigen lassen. Sie bestehen aus Biokunststoff auf Stärkebasis und werden unter einen jungen Baum oder Samen gelegt. Wenn die Kapsel sich zersetzt, gelangt das organische Material heraus und verwandelt sich in Mineralstoffe für den Baum. Andere nachhaltige Bestattungsmethoden sind Resomation (Auflösung in alkalischer Lösung), Reerdigung (Kompostierung) und Transformation im Pilzanzug.

NAHRUN
UND
LANDWI

G

RTE

Die Landwirte müssen heute einerseits die wachsende Weltbevölkerung ernähren und andererseits gleichzeitig die Treibhausgasemissionen senken. Neue Technologien können beide Ziele unterstützen, indem sie den Landwirten helfen, ihre Ressourcen effizient zu nutzen. Sie können vertikale Farmen betreiben, Echtzeitdaten von zahlreichen Farmen zu ihrer Entscheidungsfindung heranziehen und Mehrzweck-Landmaschinen einsetzen. Möglicherweise lässt sich mithilfe von Gentechnik das Getreidesaatgut so anpassen, dass es unter ungünstigen Bedingungen wächst. Neue, nachhaltigere Nahrungsmittel werden entwickelt, darunter Mikroalgen, Fleischersatz sowie Mahlzeiten aus dem 3-D-Drucker.

IN DEN HIMMEL WACHSEN

Ein wichtiges Element zur Abmilderung des Klimawandels ist die verantwortungsvolle Landnutzung. Sie muss die Natur schützen und die Gemeinschaft versorgen. Vertikale Landwirtschaft soll landwirtschaftliche Flächen möglichst klein halten, indem man Pflanzen unter Dach, z. B. in Treib- oder Lagerhäusern oder gar ehemaligen Bergwerken, züchtet. Die Wachstumsbedingungen sind optimal, Licht und Temperatur werden sorgfältig geregelt. Allerdings hängt das »Vertical Farming« vom Energiepreis ab und ist derzeit im Vergleich zur konventionellen Landwirtschaft noch nicht kosteneffektiv.

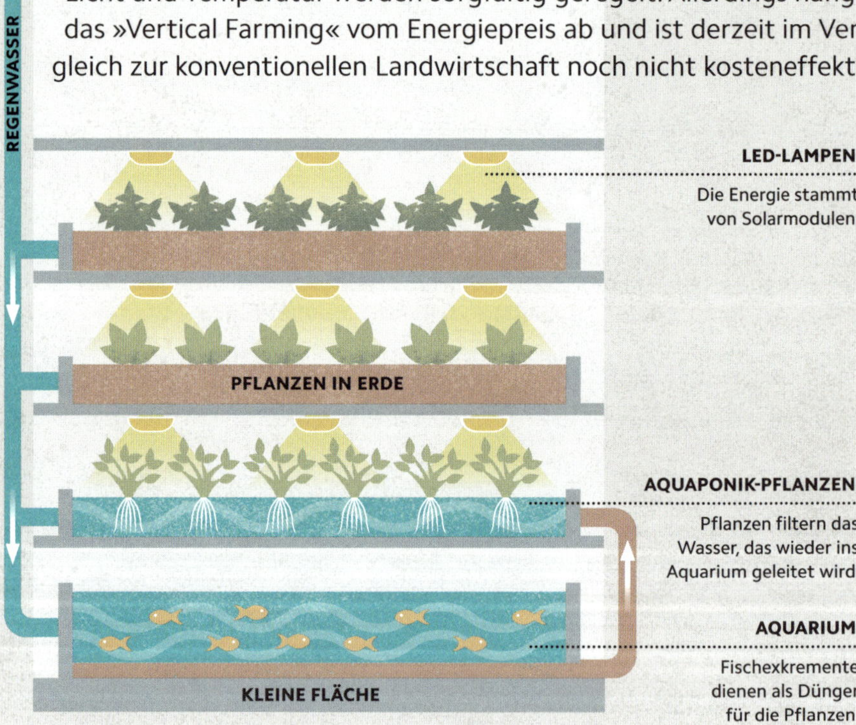

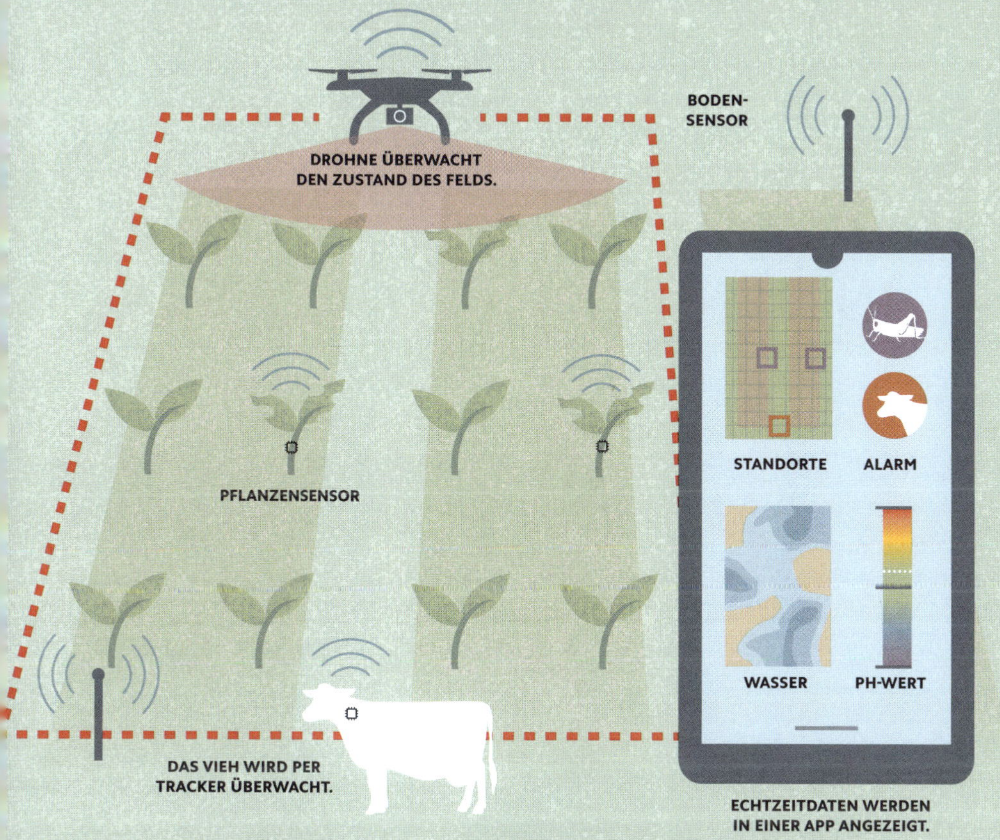

INTERNET DER PFLANZEN

In der Präzisionslandwirtschaft überwacht man den Zustand des landwirtschaftlichen Betriebs technisch, um die Effizienz zu steigern und besser handeln zu können. Daten von vernetzten Geräten wie Bodenmonitoren, Sensoren an Pflanzen und Tieren sowie Überwachungsdrohnen werden laufend übermittelt und analysiert. In besonders modernen Betrieben kann dies automatische Aktionen auslösen. Auf diese Weise sollen Ressourcen wie Saatgut, Dünger, Wasser und Fläche möglichst effizient genutzt werden. Befürworter halten den Übergang zu dieser Art der Landwirtschaft für erforderlich, um die zunehmende Bevölkerung zu ernähren, ohne die Natur irreversibel zu zerstören.

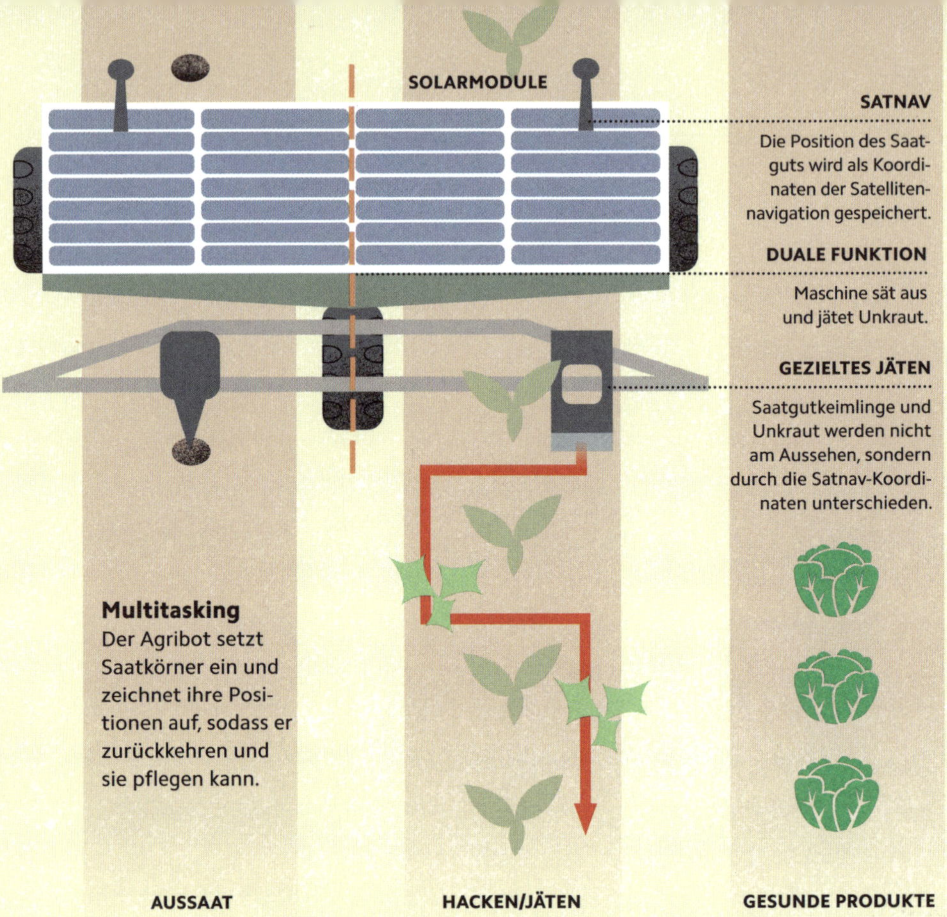

ROBOTER ALS HELFER

Fortschritte in der Robotik, Computer-Vision und verwandten Gebieten führen dazu, dass autonome Maschinen immer mehr mühsame und repetitive Aufgaben übernehmen können. Sie können pflügen, Saatgut einsetzen, Unkraut jäten, Wasser und Dünger ausbringen und am Ende ernten und kommen dabei ganz oder beinahe ohne menschliche Steuerung aus. Ein Roboter speichert die Positionen der von ihm eingesetzten Saatkörner per GPS und wenn er zurückkehrt, kann er Unkraut jäten oder zielgenau Pestizide einsetzen, ohne die Keimlinge zu treffen. Dies ist billiger und umweltfreundlicher als Pestizide zu versprühen.

EINGEBAUTER DÜNGER

Da Stickstoff (Englisch: *nitrogen*) einer der wichtigsten Pflanzennährstoffe ist, sind Stickstoffdünger ein entscheidender Faktor für die Steigerung der Nahrungsmittelproduktion. Allerdings ist ihre Herstellung energieintensiv und erfordert umweltschädliche fossile Brennstoffe, die häufig das Wasser verschmutzen. Nachhaltige Alternativen sind gefragt. Ein innovativer Ansatz ist die Gentechnik (siehe S. 34), mit der Saatkörner so modifiziert werden, dass sie selbst Stickstoff fixieren können (was bisher vor allem Mikroorganismen tun). Pflanzen könnten dann Stickstoff aus der Luft in verwertbare Stickstoffverbindungen umwandeln.

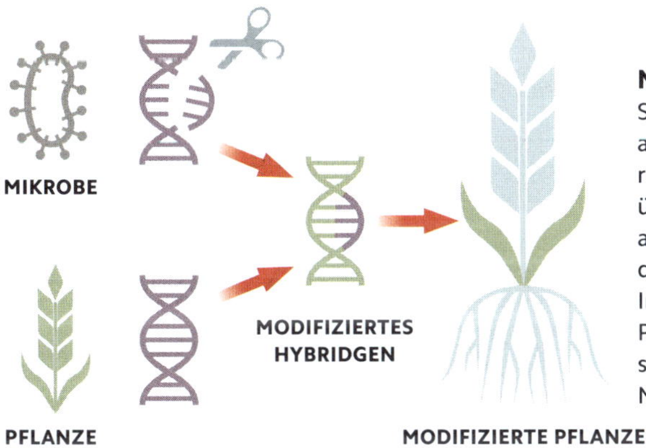

Nif-Gene
Stickstofffixierungsgene aus verschiedenen Bakterien werden auf Saatkörner übertragen und sie kommen auch zur »Expression« – das heißt, die genetische Information wird in den Pflanzen umgesetzt und sie produzieren bestimmte Moleküle wie Proteine.

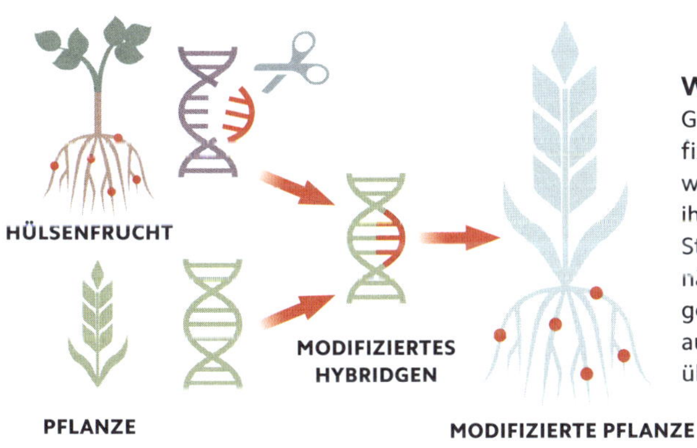

Wurzelknöllchen
Gemeinsam mit Stickstoff fixierenden Bakterien wandeln Hülsenfrüchte in ihren Wurzelknöllchen den Stickstoff aus der Luft in nährstoffreiche Verbindungen um. Dieses Gen kann auf andere Nutzpflanzen übertragen werden.

»GRÜN BLEIBEN«

Ein Gen von dürreresistenten Pflanzen hilft ihnen, länger grün zu bleiben. Das verlängert die Erntezeit und führt zu höheren Erträgen.

WACHSSCHICHT

Pflanzen mit einer dickeren Wachsschicht überleben in Trockenzeiten besser. Auch die schädlichen Wirkungen von Ultraviolettlicht Licht und Kälte werden gemindert.

FRÜHE BLÜTE

Eine frühere Blüte könnte den Schaden extremer Wetterereignisse begrenzen.

AKTIVE STOMATA

Transgener Mais mit aktiveren Stomata (Spaltöffnungen, die sich schließen können, um Wasserverlust zu vermeiden) kommt mit Trockenheit besser zurecht.

»FLOWER POWER«

Die Übertragung von Merkmalen einer Blume auf Mais würde seine Kohlenstoffverwertung und sein Wachstum ändern und den Ertrag erhöhen.

Transgene Pflanzen
Durch Übertragung von Genen, die mit Trockenheitstoleranz verbunden sind, in Getreidepflanzen wie Mais (hier gezeigt) könnte man deren Dürreresistenz steigern.

WURZELAUFBAU

Durch Genmanipulation ließe sich vielleicht auch das Wachstum der Wurzeln steigern, sodass die Pflanze neue Wasserquellen erreichen kann.

WELCHE DÜRRE?

Viele Extremwetterereignisse wie Dürren treten immer häufiger und länger auf und sind für Pflanzen oft lebensgefährlich. Um die Ernteerträge auch unter diesen schwierigen Umständen zu verbessern, untersuchen Forschende die Eigenschaften von Pflanzen, die in der Natur der Trockenheit widerstehen. Sie hoffen, dadurch resilientere Versionen der Hauptnahrungspflanzen wie Weizen, Reis und Mais zu entwickeln.

Nanopartikel
Über die Pflanzen gesprüht oder mit der Erde vermischt vermindern sie die Belastung durch zu viel Salz.

Erhöht den Chlorophyllgehalt und fördert eine effiziente Fotosynthese

Verbessert die Aktivität von keimungsfördernden Enzymen (Proteine, die chemische Reaktionen beschleunigen)

Verbessert die Speicherfähigkeit der Zellen für den essenziellen Nährstoff Kalium

Fördert die Bildung von Antioxidantien, die freie Radikale (instabile Atome, die Zellen schädigen) neutralisieren

Verringert unter Bedingungen des Salzstresses die Akkumulation von Salz in den Blättern

Unterstützt die Aufrechterhaltung der Homöostase (Stabilität und Selbstregulierung) und damit das Pflanzenwachstum

DIE SALZ-LÖSUNG

Durch Faktoren wie den steigenden Meeresspiegel versalzen immer mehr Landflächen. Dies kann bei Pflanzen Salzstress verursachen und so die Ernteerträge verringern und die Nahrungsmittelversorgung gefährden. Nanotechnologie und Gentechnik können Pflanzen helfen, Salz besser zu tolerieren. Forschende entwickeln biokompatible Nanopartikel (siehe S. 10), die neben anderen Schutzstrategien die Nährstoffaufnahme und den Wasserhaushalt der Pflanzen verbessern. So fördern Nanopartikel des Zuckers Chitosan bei Mais die effiziente Wassernutzung, sodass sich in der Pflanze weniger Salz ansammelt.

ANBAU VON ALGEN

Mikroalgen, also einzellige Wasserorganismen, werden bisher noch kaum landwirtschaftlich genutzt. Da sie sehr nährstoffreich sind und rasch wachsen, eignen sie sich als ergänzende Nahrung für Menschen und Zusatz in Viehfutter, Dünger und Pharmazeutika. Dagegen sprechen jedoch die extrem hohen Kosten, vor allem für die Ernte. Eine kosteneffektive Kultivierung erweist sich als große Herausforderung.

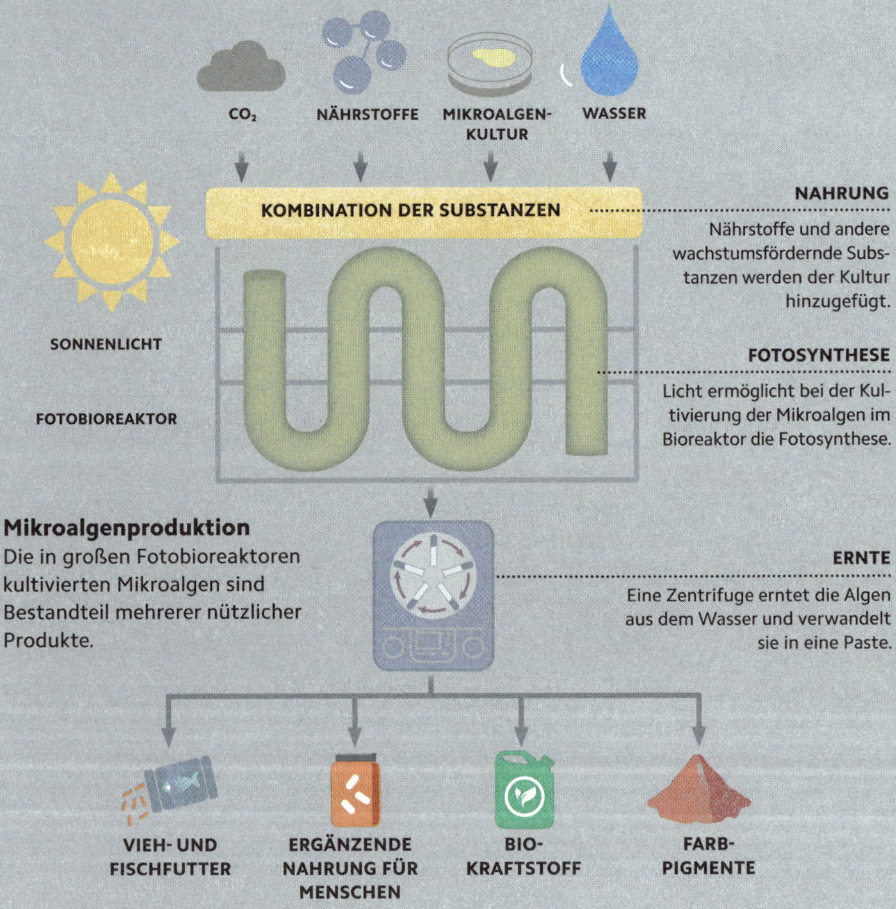

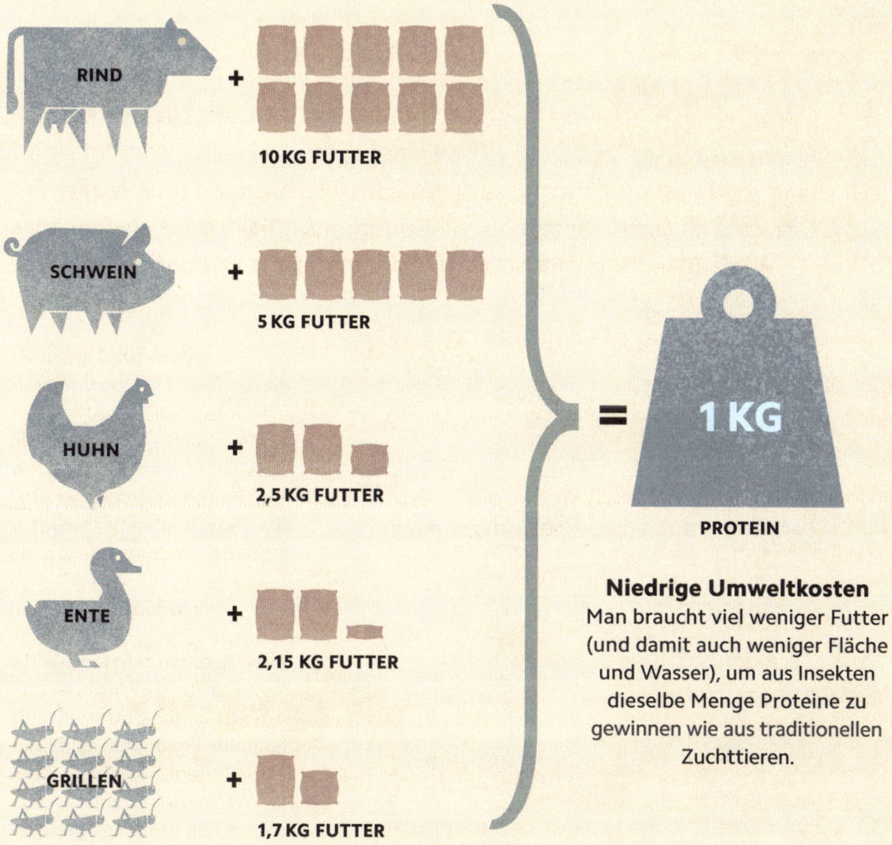

HEUSCHRECKEN GEFÄLLIG?

Viele Milliarden Menschen verzehren täglich Insekten. Da die Viehzucht viel Treibhausgase produziert und Flächen verbraucht, werden Insekten nun auch in Regionen, in denen dies bisher nie üblich war, immer reizvoller. Heuschrecken sind z. B. sehr nahrhaft, da einige Arten pro Gramm mehr Proteine enthalten als Rind-, Schweine- oder Hühnerfleisch. Man kann sie ganz verzehren oder als pulverisiertes Heuschreckenmehl, als Proteinriegel oder auch als Burgerpatty im Hamburger.

AUS DEM LABOR

Die Sorge über Umwelt und Tierwohl veranlassen viele Leute dazu, weniger oder kein Fleisch mehr zu essen. Im Labor gezüchtetes In-vitro-Fleisch stellt eine Möglichkeit dar, mit gutem Gewissen weiter Fleisch zu verzehren. Zellen werden aus Tieren entnommen und in einem Bioreaktor zu einem Gewebe herangezüchtet. Dies wird anschließend zu verschiedenen Produkten weiterverarbeitet.

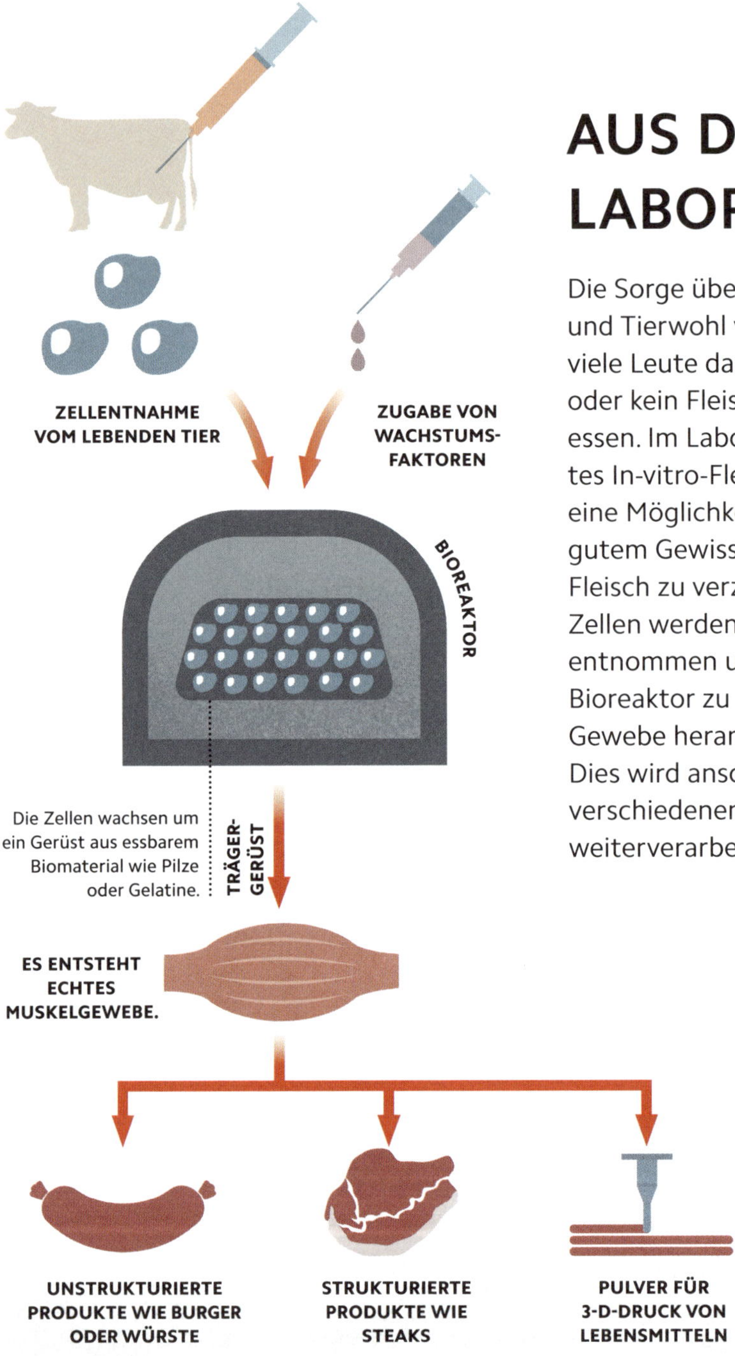

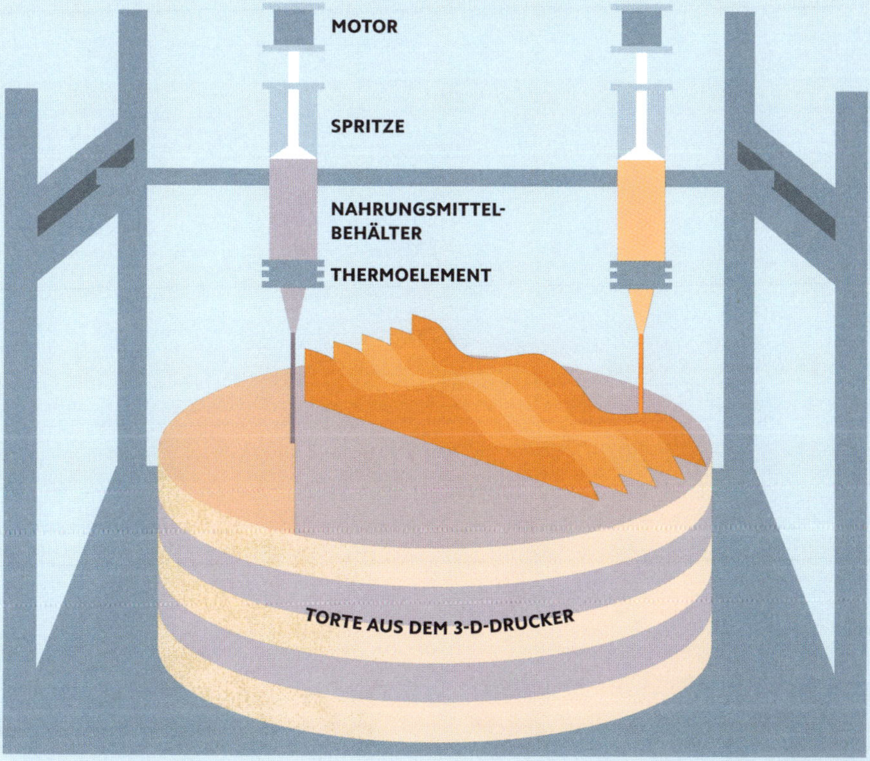

GEDRUCKTE MAHLZEITEN

In der additiven Fertigung (siehe S. 22) lassen sich alle möglichen Substanzen verwenden, auch einige Lebensmittel. Konventionelle 3-D-Drucker lassen sich so umstellen, dass sie flüssige Schokolade, Zuckerguss, Teig, Kartoffelbrei, Kunstfleisch und andere Pasten nach einem digitalen Rezept aus einem oder mehreren Zutaten drucken. Meist wird die Substanz in der Maschine erhitzt, damit sie weich wird, und kühlt auf dem Druckerbett wieder ab. So hat man die Kontrolle über die Struktur und den Nahrstoffinhalt des Endprodukts. Potenzielle Anwendungen wären z. B. das Gesundheitswesen und die Forschung für die bemannte Weltraumfahrt.

VERKEH

R

Ein Fünftel der globalen CO_2-Emissionen gehen auf den Verkehr zurück und daher werden große Anstrengungen unternommen, um ihn umweltfreundlicher zu gestalten. Das bedeutet weniger Einsatz von fossilen Brennstoffen und mehr Elektrizität und nachhaltige Kraftstoffe. Zudem muss die Technologie Mensch und Verkehrsmittel besser verbinden. Fahrzeuge, Treibstoff und Infrastruktur müssen so eingesetzt werden, dass immer weniger Leute ein eigenes Auto brauchen. Die Fahrzeuge selbst sammeln, analysieren und teilen Daten und sorgen für Effizienz und Sicherheit. Selbstfahrende Autos gelangen auf die Straße und fliegende und tauchende Drohnen übernehmen immer mehr Aufgaben.

SCHNELLERE LADUNG

Mit Schnellladesäulen dauern die Fahrtunterbrechungen nicht so lang. Drahtloses Aufladen durch elektromagnetische Induktion funktioniert im Leerlauf und sogar während der Fahrt.

HÖHERE LEISTUNG

Scheibenläufermotoren (kompakte Elektromotoren) sind kleiner, leichter und effizienter als konventionelle Motoren.

BESSERE BATTERIEN

LEICHTER

Leichtere Batterien erhöhen Reichweite und Reaktionsfähigkeit des Fahrzeugs. Eine Integration ins Fahrgestell könnte zusätzlich das Gesamtgewicht verringern, ebenso wie der Einsatz leichter Materialien für die Karosserie.

EFFIZIENTER

Feststoff- oder Solid-State-Batterien sind eine Alternative zum Lithium-Ionen-Akku. Sie sind sicherer, haltbarer und lassen sich schneller aufladen.

EFFIZIENTE FAHRZEUGE

Verbrennerfahrzeuge werden nach und nach von vielen Märkten verbannt und die Autohersteller müssen nun funktionsfähige, erschwingliche und attraktive Elektrofahrzeuge liefern. Die größte unter den zahlreichen Herausforderungen der Herstellung von E-Fahrzeugen, die mit der Leistung der konventionellen Autos konkurrieren können, ist die hohe Energiedichte der fossilen Brennstoffe. Sie liefern mehr Energie pro Volumeneinheit als die besten Lithium-Ionen-Akkus. Da die E-Fahrzeuge aber laufend optimiert werden, können sie bereits gut mithalten.

DIE KRAFT DER SONNE

Solarantriebe eignen sich für Autos, Busse, Züge, Flugzeuge, Raumfahrzeuge und Schiffe. Bei einem typischen solargetriebenen Bodenfahrzeug sind auf dem Dach Solarmodule montiert, die Sonnenenergie in elektrische Energie für den Antrieb und andere Funktionen wie Kommunikation umwandeln. Da es bisher kaum möglich ist, genug Energie zu erzeugen, befinden sich die meisten Solarfahrzeuge noch im Entwicklungsstadium. Es gibt aber bereits solargetriebene Schiffe zu kaufen.

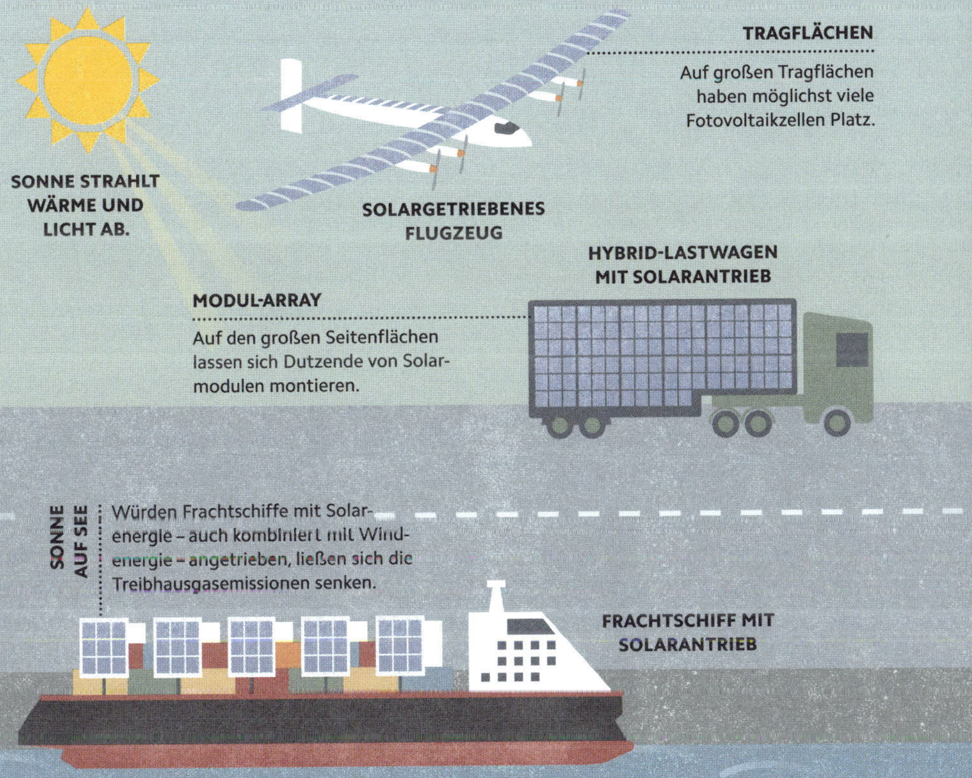

EINFACH ABHEBEN

Die Entwicklung nachhaltiger Alternativen für Kerosin ist eine wichtige Hürde für den Flugverkehr. Kerosin ist zwar günstig und energiedicht, basiert aber auf Erdöl. Um nachhaltiger zu werden, soll es mit chemisch ähnlichen Stoffen gemischt werden, die aus nachhaltigen Quellen und Verfahren gewonnen werden. Man hofft, das Kerosin immer mehr zu reduzieren und schließlich ganz auf Elektroantrieb oder erneuerbare Treibstoffe ohne Kohlenstoff umzusteigen, wie synthetisches Kerosin auf der Basis von grünem Wasserstoff.

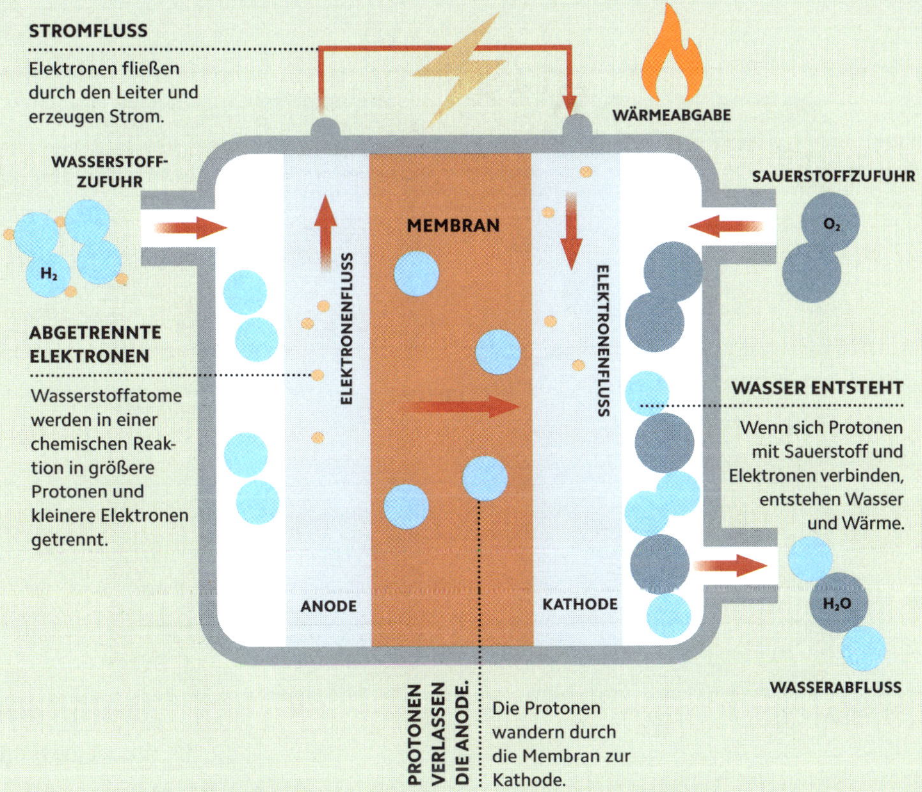

SAUBERER ANTRIEB

In Brennstoffzellen wird die im Brennstoff gespeicherte chemische Energie durch chemische Reaktionen in elektrische Energie umgewandelt. In einer CO_2-freien Zukunft könnte die Wasserstoff-Brennstoffzelle als Alternative zum Verbrennungsmotor eine wichtige Rolle spielen. Wasserstoffatome gelangen in die Anode (negative Elektrode), werden von ihren Elektronen getrennt und diese fließen durch den Stromkreis zur Kathode (positive Elektrode). Die Protonen wandern durch eine Membran zur Kathode und verbinden sich mit Sauerstoff zu Wasser. Brennstoffzellen sind effizient und ließen sich z. B. im Verkehr und im Stromnetz einsetzen. Bisher verhindern jedoch hohe Kosten und fehlende geeignete Infrastruktur ihre flächendeckende Anwendung.

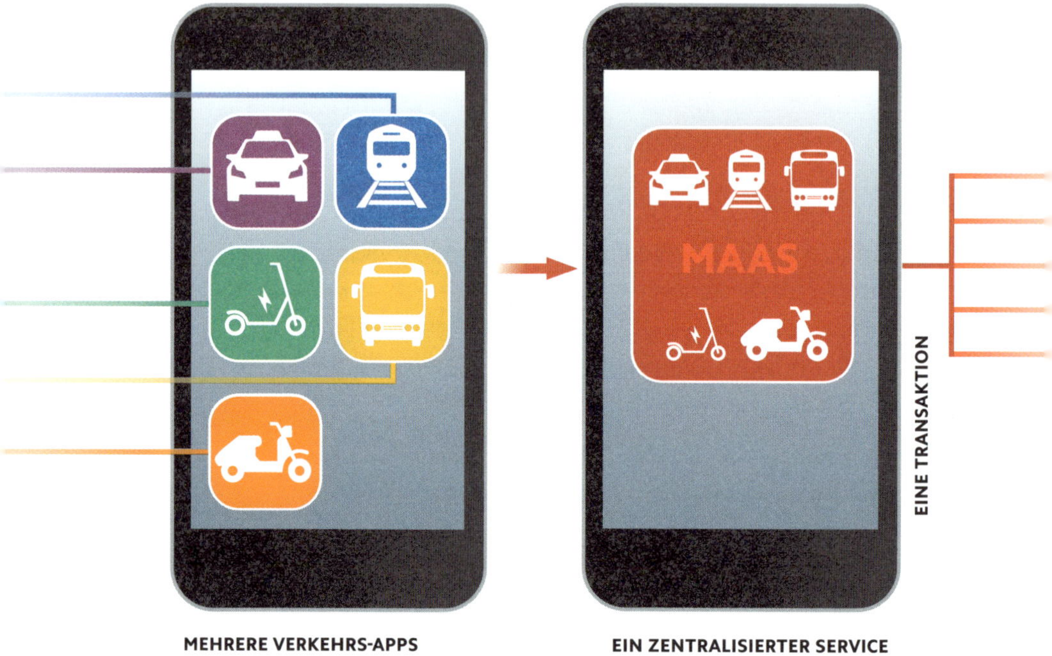

DAS ENDE DES PRIVATAUTOS?

Mobility-as-a-Service (MaaS) ersetzt das herkömmliche Modell des Eigentums an einem Privatfahrzeug durch ein effizienteres Modell, in dem Personen den Zutritt zu jedem beliebigen Verkehrsmittel bezahlen können, das sie für eine Strecke benötigen. MaaS vereint öffentliche und private Dienstleistungen, die man mit nur einer App planen, buchen und bezahlen kann. Die Nutzer können entweder einzelne Fahrten bezahlen oder ein Monatsabonnement für die Verkehrsmittel in einem Gebiet abschließen.

AUTOMATISCHES FAHREN

Alle möglichen Fahrzeuge lassen sich mit der Fähigkeit zum automatischen Fahren ausstatten, Lastkraftwagen ebenso wie unbemannte Minenräumfahrzeuge oder selbstlandende Flugzeuge. Der Grad der Autonomie ist unterschiedlich. Einige bieten nur begrenzte Fahrerassistenzfunktionen wie Lenk- oder Tempokontrolle, andere fahren ganz ohne menschliches Zutun. KI-Technologie analysiert die von Sensoren am Fahrzeug gelieferten Echtzeitdaten und reagiert auf die Umgebung. Das Fahrzeug bremst z. B. ab, wenn ein Fußgänger die Straße betritt.

Selbstfahrender Lastkraftwagen
In vielen Ländern gibt es zu wenig Lastkraftwagenfahrer, daher steigt das Interesse an vollständiger oder teilweiser Automatisierung.

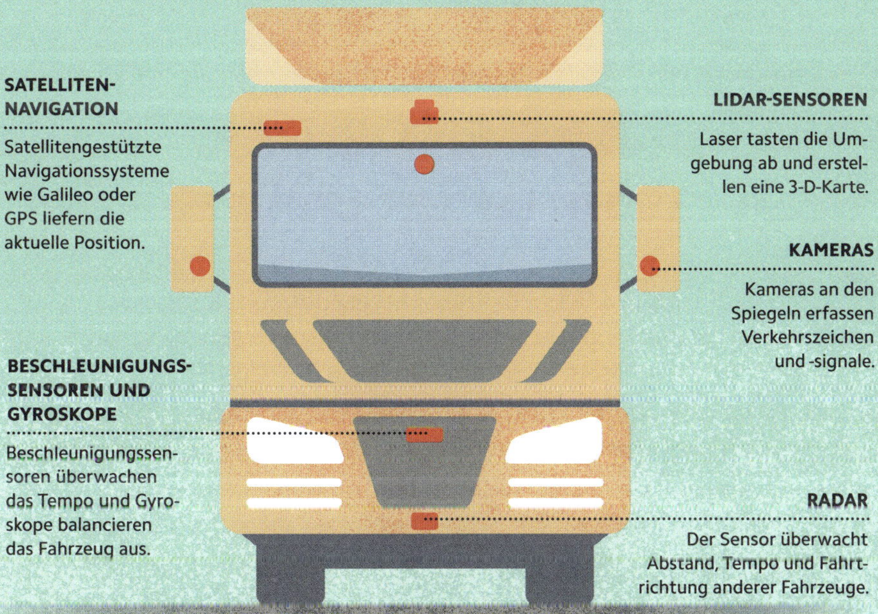

FAHRZEUGSCHLANGEN

Beim Platooning werden mehrere Fahrzeuge gemeinsam gesteuert, meist vom Fahrer des vordersten Autos. Die Fahrzeuge beschleunigen und bremsen gleichzeitig und halten immer einen bestimmten Abstand. So können mehr Fahrzeuge auf einer Straße fahren und es passieren weniger Unfälle. In Zukunft könnten sich vernetzte Fahrzeuge (siehe unten) automatisch einem Platoon anschließen und es wieder verlassen.

EINORDNEN
Ein Auto ordnet sich in das Platoon ein und meldet sein Fahrtziel. Der führende Lastwagen übernimmt die Kontrolle über das Bordsystem.

»Die Technik könnte einen möglichen Zusammenstoß bereits vor dem Fahrer erkennen.«
Los Angeles Times

KOORDINIEREN
Die Autos können weiterhin beide Spuren benutzen, weil sie sich vor dem Hindernis abstimmen.

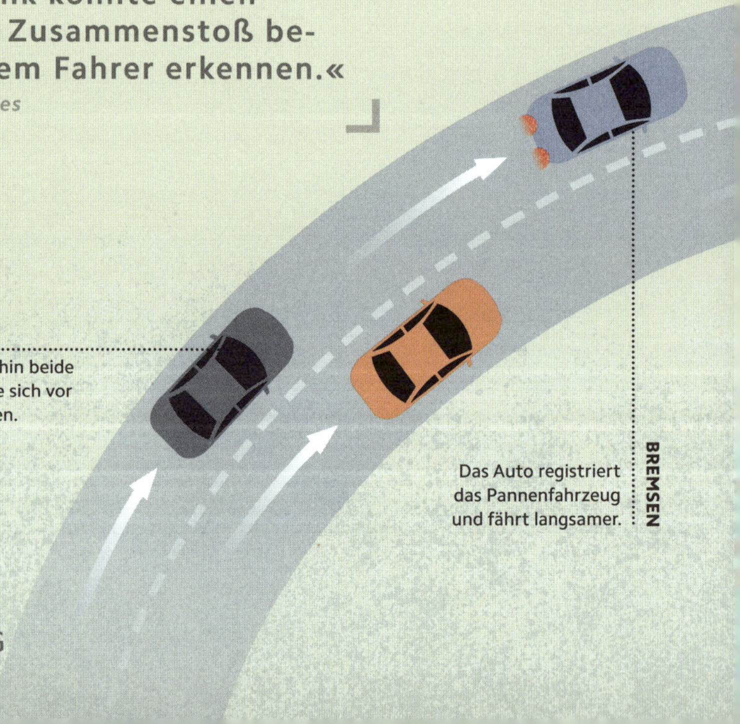

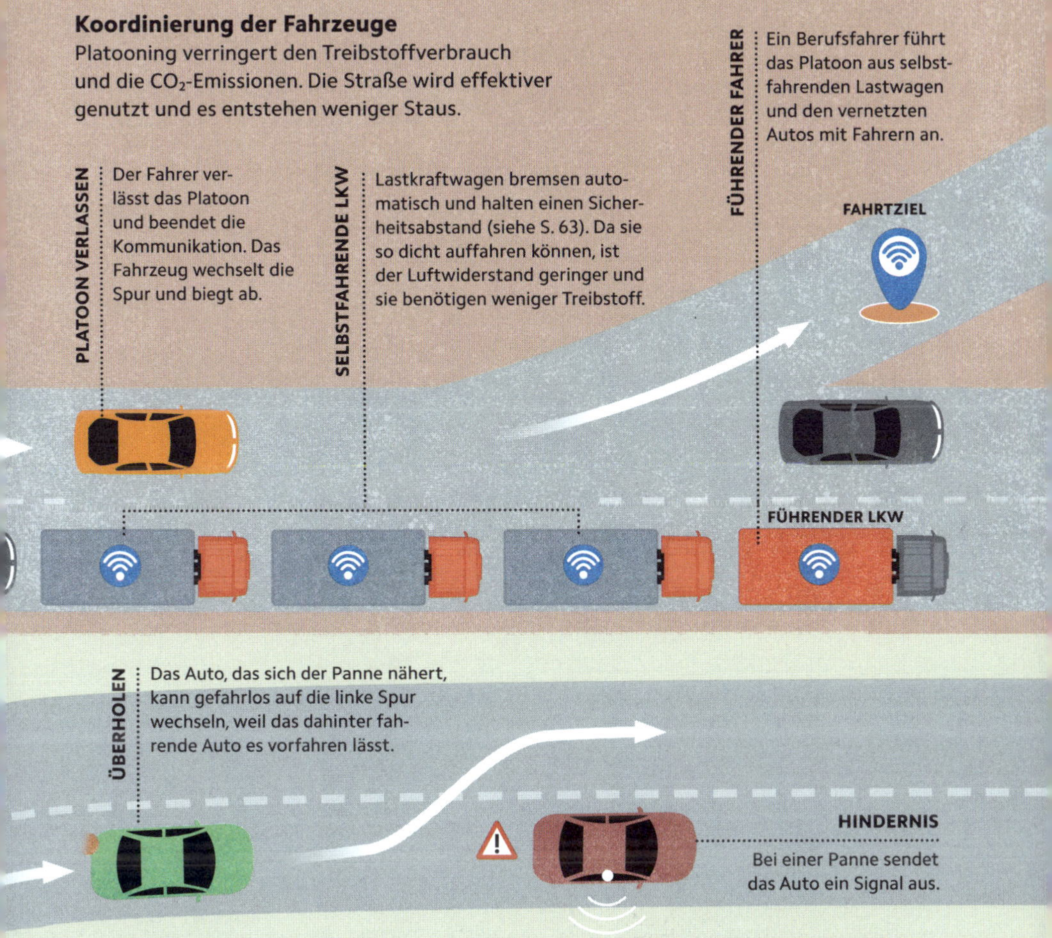

KOMMUNIZIERENDE AUTOS

Wenn immer mehr Fahrzeuge ins Internet der Dinge eingebunden werden (siehe S. 96), tauschen sie immer mehr Daten drahtlos aus. Man bezeichnet dies als »Vehicle-to-Vehicle«- oder »V2V«-Kommunikation. Autos könnten Daten über ihre Geschwindigkeit und Richtung senden oder Warnungen über Pannen oder gefährliche Witterungsbedingungen weitergeben und so die Sicherheit erhöhen und Staus verringern.

WIE IM FLUG?

Derzeit wird versucht, Eisenbahnnetze für extrem schnelle Züge zu entwickeln, die in Zukunft Großstädte verbinden. Die schnellsten sollen pro Stunde Hunderte von Kilometern zurücklegen, möglichst so rasch und bequem wie im Flugzeug. Ein Vorschlag beinhaltet riesige Vakuumröhren, in denen kaum Luftwiderstand herrscht. Darin könnten die Züge potenziell mit relativ niedrigem Energieaufwand sogar Überschallgeschwindigkeit erreichen.

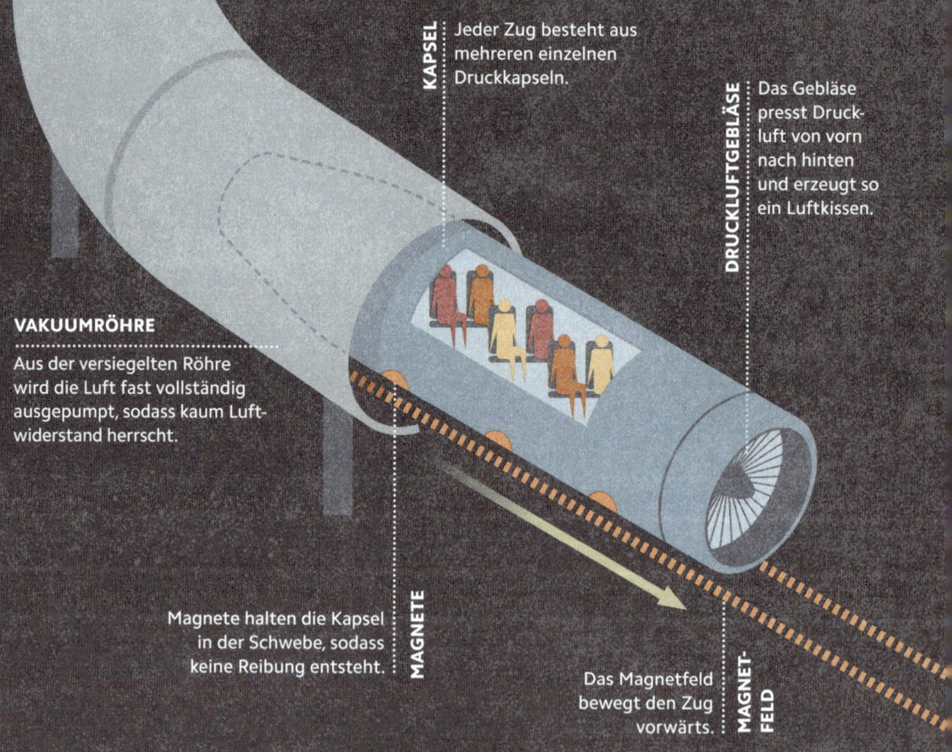

WARENAUSLIEFERUNG

Drohnen werden bereits heute weltweit eingesetzt, um Waren auszuliefern, vor allem kleine, dringende Sendungen wie Arzneimittel, weil sie weder durch dichten Verkehr noch durch schlechte Straßen aufgehalten werden. Doch auch für alltägliche Lieferungen werden sie bereits eingesetzt. Drohnenflotten, die den letzten Streckenabschnitt von örtlichen Verteilungszentren bis zur Haustür übernehmen (die sogenannte »Letzte Meile«), verringern sowohl Kosten als auch Verkehrsemissionen.

Die »Letzte Meile«
Die Strecke zwischen Verteilungszentrum und Haustür ist für die Hälfte der Auslieferungskosten verantwortlich. Sie kann von Drohnen übernommen werden.

NAVIGATION PER GPS, SONAR ODER ÄHNLICHE SYSTEME
Autonome Lieferdrohnen sind mit einem Satellitennavigationssystem und einer Reihe von Sensoren ausgestattet (z. B. optische Kameras), die sie sicher ans Ziel führen.

SICHERE LANDUNG
Kundschaft erklärt sich mit der Auslieferung durch Drohnen einverstanden. Meist werden die Dinge hinter dem Haus abgesetzt.

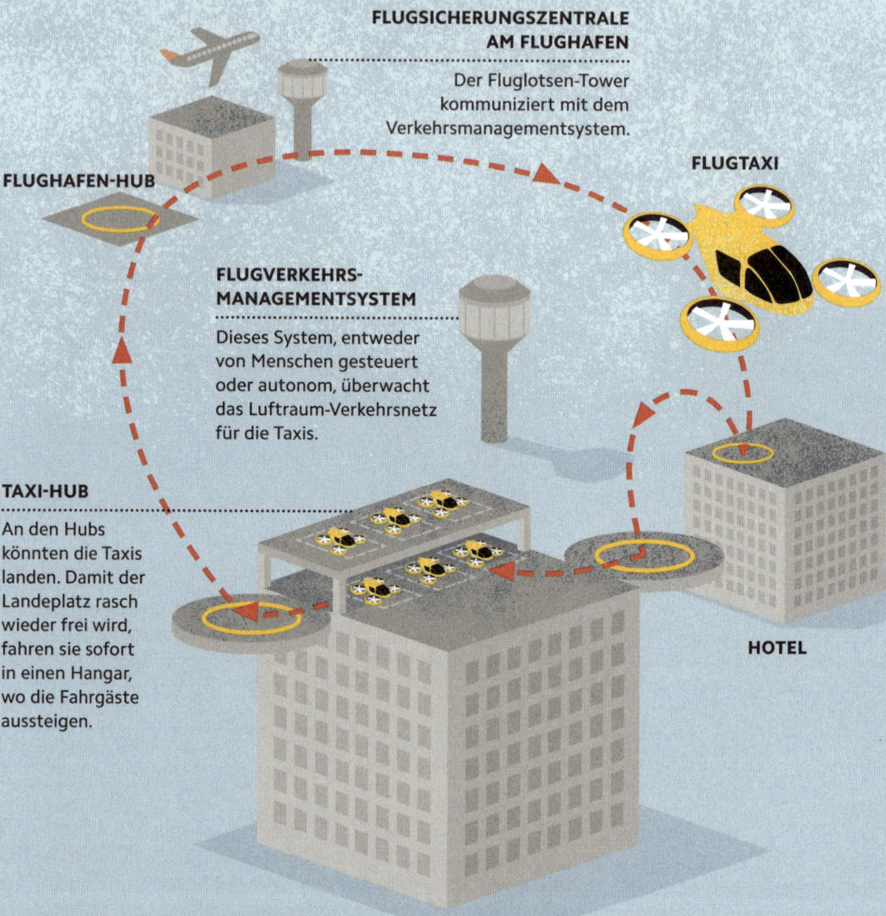

FLIEGENDE TAXIS

Das Interesse an Flug- oder Luft-Taxis flammt derzeit wieder auf, weil sie den dichten Verkehr auf den Straßen entzerren würden. Dutzende von Firmen entwickeln elektrische Taxi-Versionen, bei denen es sich im Endeffekt um größere Drohnen handelt, die Passagiere befördern können – leiser und sauberer als Helikopter. Da sie vertikal starten und landen, eignen sie sich auch für enge Innenstädte. Es müssen allerdings noch technische und regulatorische Hindernisse überwunden werden, z. B. die Entwicklung billigerer, leichterer Batterien oder Sicherheitsvorkehrungen für den Luftraum in den städtischen Umgebungen.

BEREIT ZUM (NEU-)START

Früher waren Raketen extrem teuer, da sie nur für einen Start benutzt wurden. Bei wiederverwendbaren Raketen werden dagegen Komponenten wie Triebwerke und Booster geborgen, überholt und erneut eingesetzt. So lassen sich Personen und Ladung preiswerter in die Umlaufbahn befördern. Wiederverwendbare Raketen und andere Starthilfen spielen im »neuen Weltraumzeitalter« eine wichtige Rolle, denn Flüge ins All sollen nicht mehr nur von einigen Raumfahrtorganisationen durchgeführt, sondern auch kommerziell zu erschwinglichen Preisen angeboten werden.

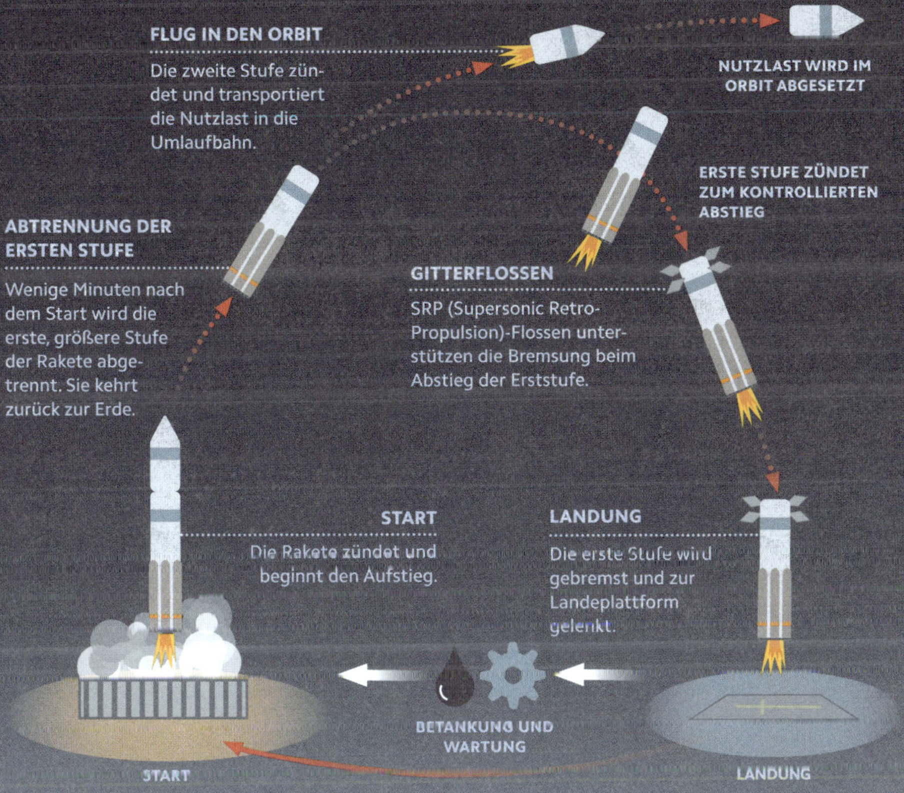

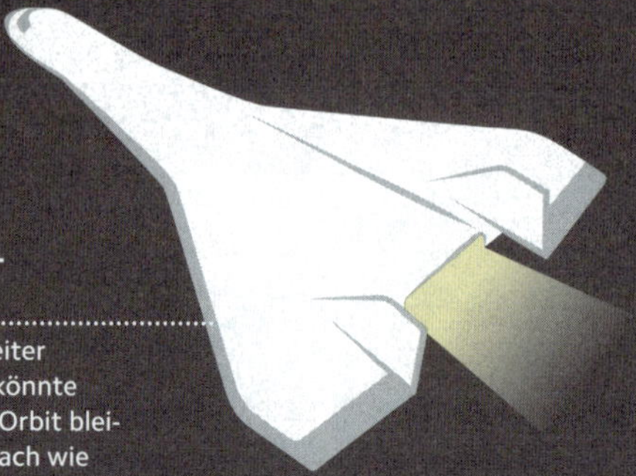

RAUMFLUG-FÄHIGKEIT

Der Raumgleiter *Radian One* könnte tagelang im Orbit bleiben und danach wie ein Flugzeug auf einer Landebahn landen.

RAUMGLEITER

Weltraumflugzeuge können wie ein Flugzeug in der Atmosphäre fliegen und gleiten, aber ebenso wie ein Raumschiff außerhalb der Atmosphäre manövrieren. Der bekannteste Raumgleiter war der Spaceshuttle der NASA. Während des Aufbaus der Internationalen Weltraumstation ISS flog die Shuttle-Flotte immer wieder mit einer Crew in die Umlaufbahn. Bisher starten alle Raumfahrzeuge vertikal mithilfe einer separaten Rakete. Es gibt aber auch Modelle für Raumgleiter wie *Radian One,* die horizontal starten, oder für kleine, unbemannte Raumgleiter innerhalb einer vertikal startenden Rakete wie X37B. Beide könnten auf einer Flughafen-Landebahn landen.

SCHLITTEN

Der Raumgleiter *Radian One* würde von einem raketengetriebenen Schlitten beschleunigt, bis er abhebt. So spart er den eigenen Treibstoff auf.

X37B

Dieser Gleiter startet vertikal mithilfe einer Rakete, aber er landet horizontal auf einer Landebahn.

UNTERWASSER-ROBOTER

Autonome Tauchroboter, die ohne ständige menschliche Überwachung auskommen, sind längst für Such- und Rettungsmissionen, Ölförderung, wissenschaftliche Forschung und militärische Aktivitäten im Einsatz. Heute fördern Verteidigungsministerien die Entwicklung größerer, belastbarerer und fortschrittlicherer Fahrzeuge, die zukünftig für die Kriegsführung eine wichtige Rolle spielen könnten. Diese U-Boot-Drohnen sollen schwere Lasten wie Torpedos und Raketen befördern, tief tauchen und monatelang im Einsatz bleiben. Sie übernehmen Aufgaben, die bisher Menschen vorbehalten waren.

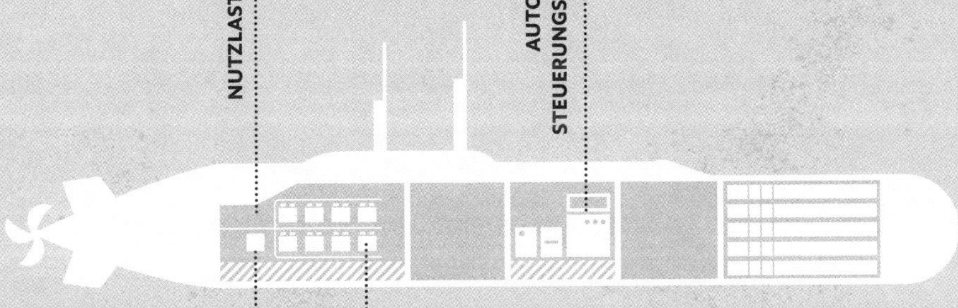

Die nächste Generation autonomer U-Boote
Sie sind viel größer und leistungsfähiger als ihre Vorgänger. Die Orca XLUUV von Boeing ist z. B. 26 m lang und kann 8 Tonnen Fracht aufnehmen.

INFORM
TECHNO

ATIONS-
LOGIE

Die Zukunft der Informatik liegt nicht nur im exponentiellen Wachstum der Hardware-Leistung. »Serverless Computing« kennzeichnet die Abkehr von zentralisierten, unflexiblen IT-Systemen und mit dem Vormarsch der KI werden immer mehr Aufgaben automatisiert. Die »klassischen« Computer auf Siliziumbasis werden wohl nicht vollständig ersetzt, aber es wird neue Hardware für den steigenden Bedarf an Rechenleistung hinzukommen. Optische Computer arbeiten millionenfach schneller und DNA-Speicherung könnte Daten einige Milliarden Jahre lang speichern. Quantentechnologien ermöglichen extrem sichere Verschlüsselungen, ultra-präzise Sensoren und Computer, die »unlösbare« Aufgaben bewältigen.

NACHBILDUNG DES GEHIRNS

Künstliche Intelligenz (KI) ist die Fähigkeit von Maschinen, Intelligenz zu simulieren. KI lässt sich für Aufgaben einsetzen, die bisher menschlichen Intellekt erfordern, wie Entscheidungsfindung, Übersetzung oder Bilderkennung. Derzeit ist das Maschinen-Lernen (siehe rechte Seite) der

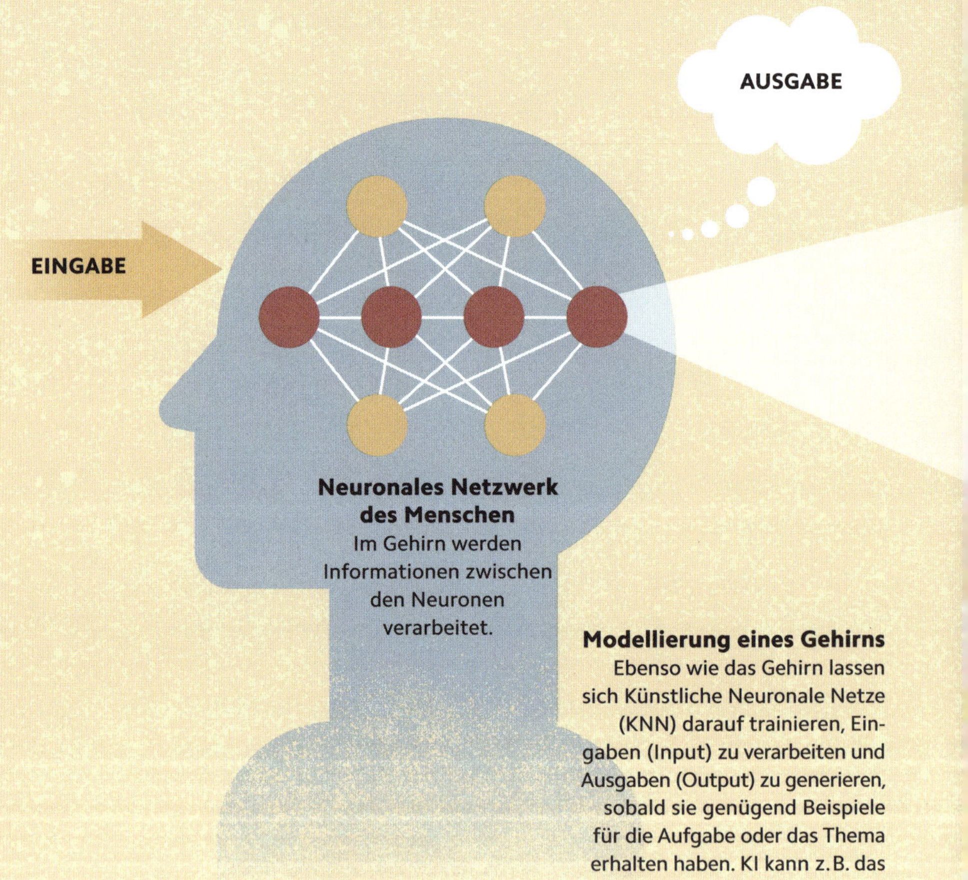

Neuronales Netzwerk des Menschen
Im Gehirn werden Informationen zwischen den Neuronen verarbeitet.

Modellierung eines Gehirns
Ebenso wie das Gehirn lassen sich Künstliche Neuronale Netze (KNN) darauf trainieren, Eingaben (Input) zu verarbeiten und Ausgaben (Output) zu generieren, sobald sie genügend Beispiele für die Aufgabe oder das Thema erhalten haben. KI kann z. B. das Bild eines Hunds erkennen und das Wort »Hund« ausgeben.

wichtigste Ansatz für KI. Computer sollen »lernen«, wie sie Aufgaben ausführen, anstatt speziell dafür programmiert zu werden. In den letzten Jahren werden große Fortschritte erzielt, da riesige Datenmengen und hohe Rechnerleistung zum Training verfügbar sind (siehe S. 76–77).

KÜNSTLICHES NEURON

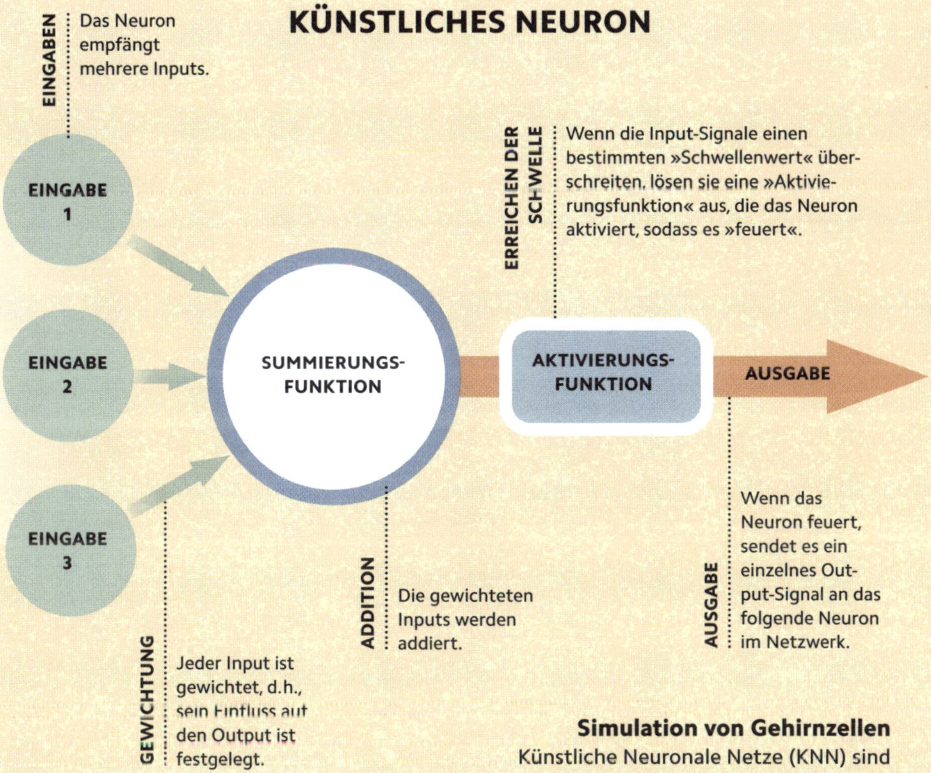

Simulation von Gehirnzellen
Künstliche Neuronale Netze (KNN) sind eine weitverbreitete Modellklasse für das maschinelle Lernen. Sie orientieren sich in Funktionsweise und Aufbau am menschlichen Gehirn und werden aus vielen verbundenen künstlichen Neuronen erstellt, die biologischen Neuronen nachempfunden sind.

KI WOHIN MAN BLICKT

Werden Künstliche Neuronale Netze (KNN) und andere KI-Modelle mit Daten in ausreichender Menge und Qualität trainiert, kann man ihnen beibringen, bestimmte Aufgaben ebenso gut – oder gar besser – zu erledigen als Menschen. Heutzutage sind diese Modelle bereits so weitverbreitet, dass die meisten Menschen, die Computer nutzen, sie täglich einsetzen, ohne es überhaupt zu bemerken. Suchmaschinen funktionieren beispielsweise mit KI. Sie ist eine Allzweck-Technik mit vielen alltäglichen Einsatzbereichen, aber es werden auch laufend neue aufregende Anwendungsmöglichkeiten entdeckt. Im Jahr 2021 stellte sich z.B. heraus, dass ein KNN namens AlphaFold die 3-D-Strukturen beinahe jedes bekannten Proteins vorhersagen kann.

Die Architektur von KNN

KNN bestehen aus künstlichen Neuronen, die in Schichten angeordnet sind. Signale gehen von der Eingabeschicht aus und wandern durch »verborgene Schichten« zur Ausgabeschicht.

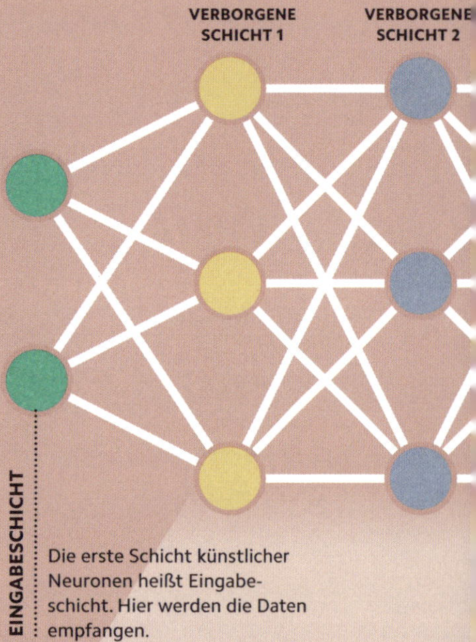

Die erste Schicht künstlicher Neuronen heißt Eingabeschicht. Hier werden die Daten empfangen.

VERBORGENE SCHICHTEN

Jede »verborgene« Schicht besteht aus vernetzten Neuronen, die Daten empfangen, verarbeiten und sie an die folgende Schicht weiterleiten. Mithilfe mehrerer verborgener Schichten kann die KI komplexe Beziehungen zwischen den Daten lernen. Deep-Learning-Modelle umfassen zahlreiche verborgene Schichten.

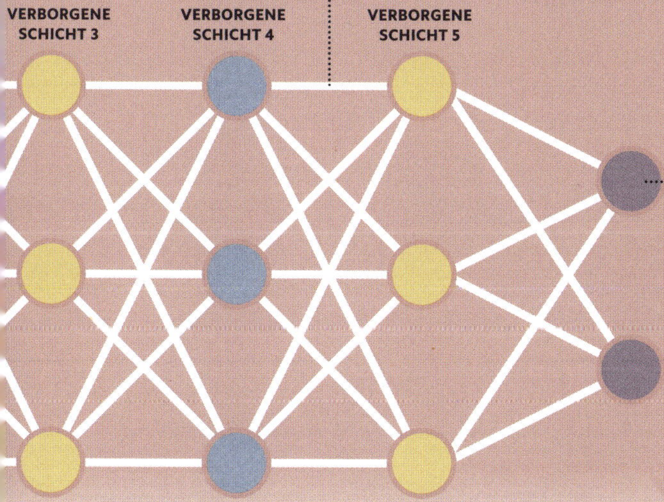

AUSGABESCHICHT

Die verarbeiteten und durch mehrere Neuronenschichten transformierten Daten erreichen schließlich die Ausgabeschicht, in der brauchbare Ergebnisse generiert werden.

EINSATZBEREICHE

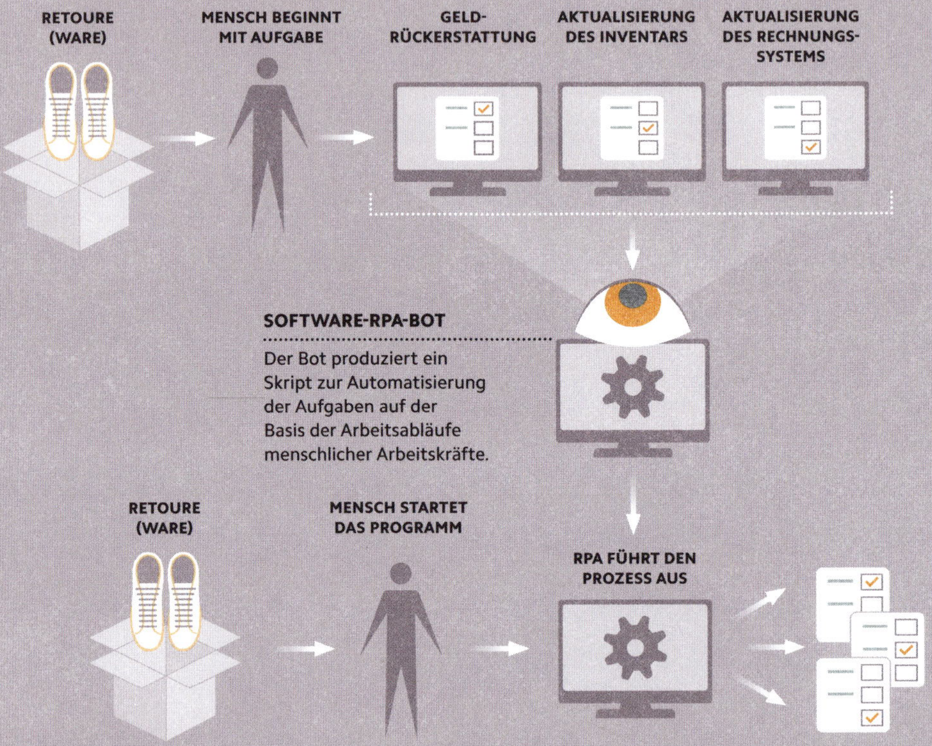

SOFTWARE-BOTS IM BÜRO

Die Mechanisierung repetitiver Aufgaben am Computer wie das Verschieben von Dateien oder die Dateneingabe wird als Robotergestützte Prozessautomatisierung (RPA) bezeichnet. »Software-Bots« führen mithilfe eines Skripts, das auf menschlichen Arbeitsabläufen basiert, Interaktionen mit verschiedenen Computersystemen durch. Bots erledigen die Aufgaben schneller und zuverlässiger als Menschen und brauchen keine Pausen. Die Automatisierung solcher eintöniger Aufgaben gibt den Menschen außerdem mehr Zeit, sich mit komplexeren Dingen beschäftigen zu können.

TRADITIONELLE PROGRAMMIERUNG

Eine Software-Ingenieurin oder ein Programmierer schreibt den gesamten Code für eine App.

LOW-CODE-APP-ENTWICKLUNG

Benutzerinnen schreiben ein wenig Code und können auch visuelle Tools wie Drag-and-Drop-Menüs nutzen.

NO-CODE-APP-ENTWICKLUNG

Benutzer können einfache Anwendungen nur mit visuellen Tools erstellen ohne geschriebenen Code.

VISUELLES APP-DESIGN

Mit Low-Code- und No-Code-Entwicklungsplattformen können Personen ohne viel Programmiererfahrung Anwendungen erstellen. Alle diese Methoden stellen intuitive visuelle Tools zur Erstellung von Programmcode zur Verfügung. Für Low-Code-Plattformen brauchen die Nutzenden noch grundlegende Programmierkenntnisse, bei No-Code-Entwicklungsumgebungen müssen sie dagegen keinerlei Code mehr selbst schreiben. So ließe sich vielleicht der hohe Bedarf an neuer Software decken. Für komplexe Aufgaben sind diese Plattformen jedoch zu unflexibel, sodass sie die traditionelle Softwareentwicklung nicht vollständig ersetzen werden.

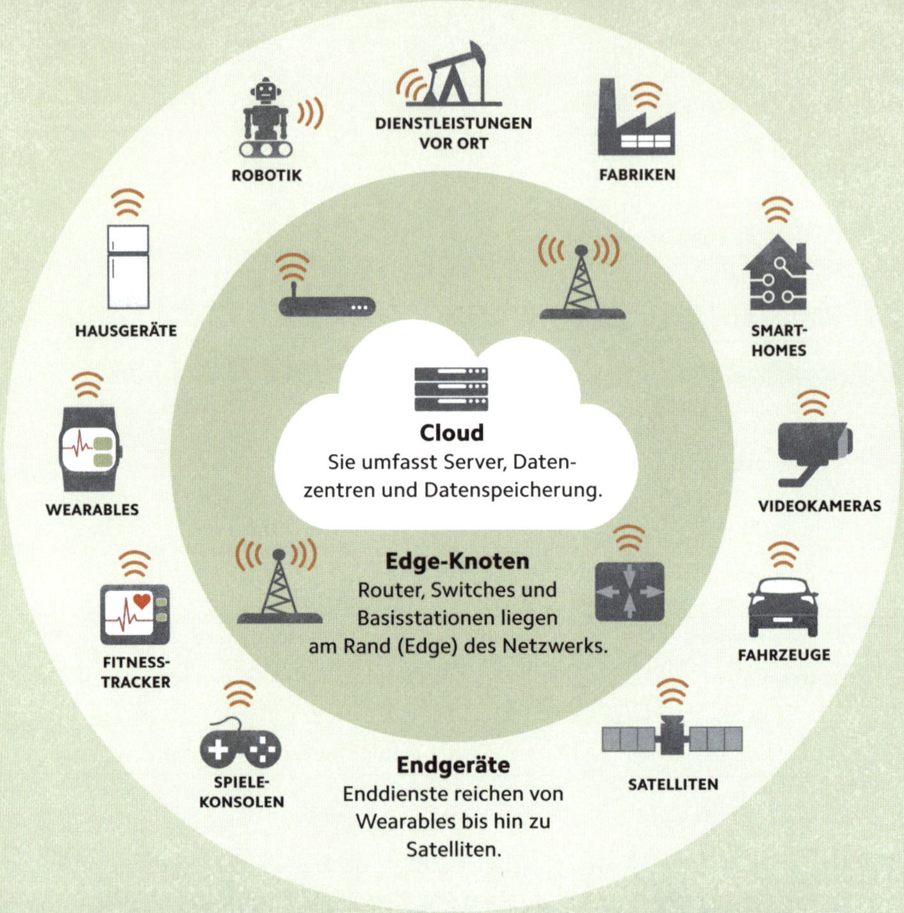

VERARBEITUNG VOR ORT

Edge Computing bedeutet, dass die Daten dort gespeichert und verarbeitet werden, wo sie generiert werden – auf demselben Gerät oder einem lokalen »Edge-Knoten«. So werden weniger Daten zu und von großen Datenzentren übertragen und man braucht weniger Bandbreite. Außerdem werden die Daten wesentlich schneller und in größerem Volumen verarbeitet, sodass weniger Wartezeiten aufgrund von Übertragungsdauer entstehen. Für viele Anwendungen des Internets der Dinge (siehe S. 96) wie autonome Fahrzeuge ist das äußerst wichtig, da sie möglichst schnell auf ihre Umgebung reagieren müssen. Hier kann jede Verzögerung zu gefährlichen Unfällen führen.

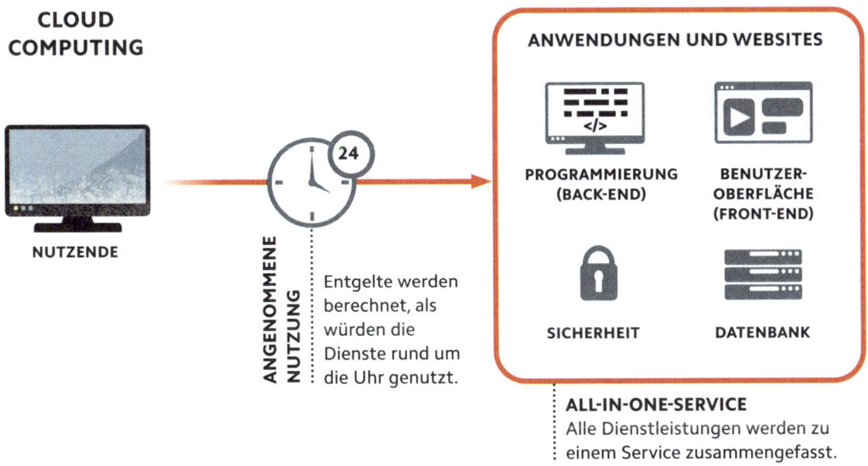

PAY-AS-YOU-GO-SERVER

Beim Cloud Computing greifen die Nutzenden auf Ressourcen auf einem Server zu, der dem Cloud-Serviceprovider gehört. Zu diesen Ressourcen zählt auch der Code, mit dem die Anwendungen funktionieren (Back-End-Dienst), denn er funktioniert im Tandem mit der Benutzeroberfläche auf dem Computer der Nutzenden (Front-End-Dienst). Beim Serverless Computing stellt der Provider Dienste je nach Bedarf zur Verfügung, sodass man keine feste Gebühr für ein ganzes Set an Ressourcen bezahlen muss, sondern nur für die tatsächliche Nutzung. So werden auch begrenzte Rechnerkapazitäten effizienter eingesetzt.

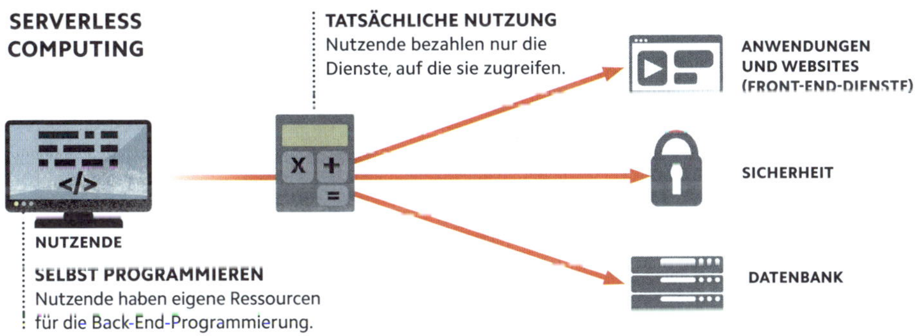

RECHNEN MIT LICHT

Optische Computer führen ihre Rechenoperationen mit Licht durch. Viele Forschende betrachten dies als vielversprechende Alternative zu herkömmlichen Computern, weil die Datenübertragung mit Licht eine wesentlich höhere Bandbreite ermöglicht. Durch den Einsatz unterschiedlicher Lichtfrequenzen ließen sich mehrere Datenströme gleichzeitig verarbeiten. Theoretisch könnten optische Computer bis zu eine Million Mal schneller arbeiten als ihre elektronischen Gegenstücke. Allerdings ist noch nicht klar, ob sie auch bei praktischen Anwendungen mit der konventionellen Technik konkurrieren können.

VON MECHANISCHEN ZU OPTISCHEN COMPUTERN

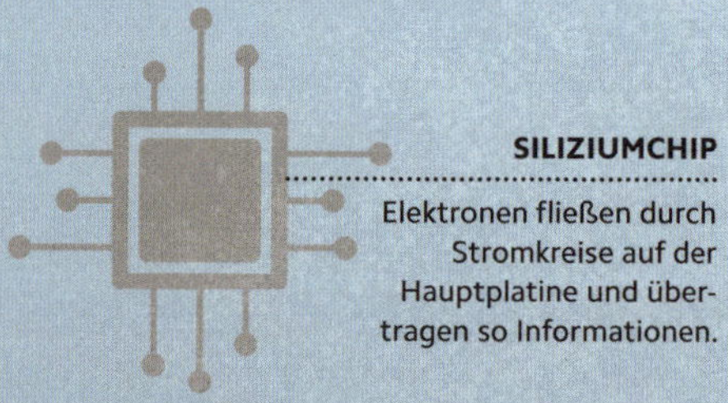

Elektromechanische Computer
Die ersten elektrisch betriebenen Computer um 1940 bis etwa 1960 hatten weder Transistoren noch andere Hardware, die der heutigen ähnlich ist. Sie bestanden aus Schaltern, Rädern und Relais.

Elektronische Computer
Elektronische Computer sind heute die fast ausschließlich verwendete Form. Sie verarbeiten Informationen mithilfe von Elektronen, die durch Stromkreise fließen.

»[Die optische Technologie] könnte die Betrachtungsweise von Computern verändern.«
Kerem Gülen, Journalist

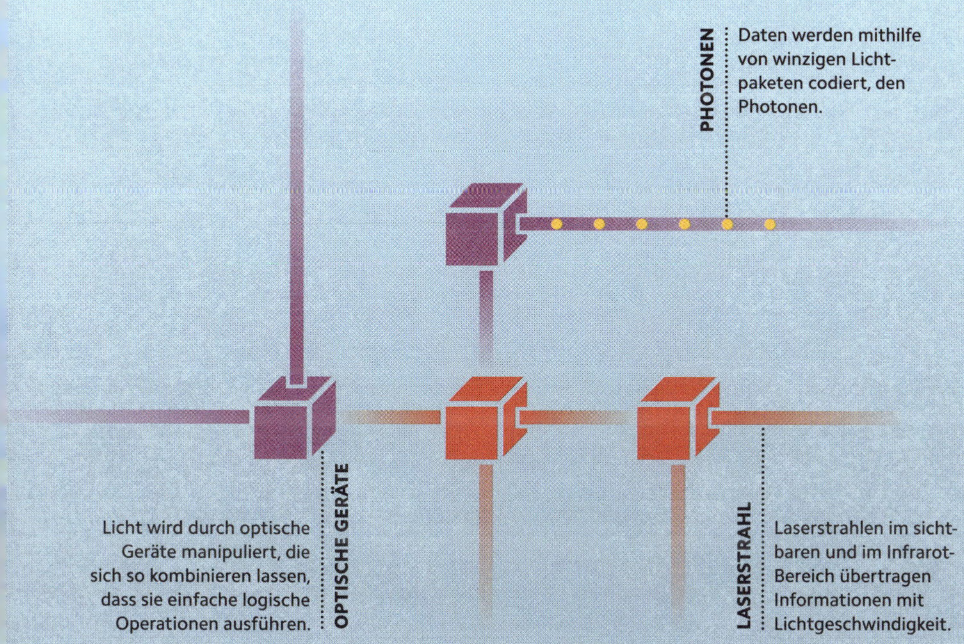

Optische Computer
Optische Computer sind aus einzelnen Geräten aufgebaut, die das Licht so manipulieren, dass es digitale Rechenoperationen durchführt. Da sie nicht mit Elektronen, sondern mit Photonen arbeiten, sind höhere Bandbreiten und Geschwindigkeiten möglich.

FESTPLATTE UND MEHR

Jedes Jahr werden Dutzende Zettabytes an Daten generiert (1 ZB = 1 000 000 000 000 000 000 000 Bytes) und diese Zahl wird wohl weiter steigen. Die riesigen Datenberge müssen auf möglichst platz- und energiesparende Weise gespeichert werden – und zudem sicher, mit guten Zugriffsmöglichkeiten und über lange Zeit. Heutige Speichermedien

Die Speicherung von Daten
Festplattenlaufwerke sind aktuell das vorherrschende Speichermedium, aber Systeme, die eine effizientere Speicherung von wesentlich mehr Daten ermöglichen, sind in der Entwicklung.

Blockchain
In einer Blockchain (siehe S. 102) werden Daten in verknüpften, verschlüsselten Blöcken gespeichert, und zwar auf ungenutztem Festplatten-Speicherplatz in einem dezentralisierten Computernetzwerk. Das ist oft sicherer als in einem zentralisierten Datenzentrum unter dem Dach einer einzelnen Technologiefirma.

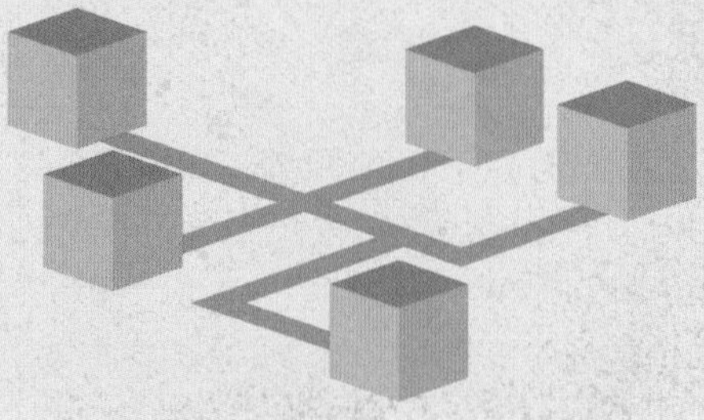

Multi-Cloud-Speicher
Gespeicherte Daten können auf mehrere Cloud-Anbieter verteilt werden. So sind die Nutzenden flexibler und auch sicherer und sie begrenzen das Risiko der Bindung an nur einen Provider.

Speicherkristalle
Festplatten sind oft schon nach wenigen Jahren kaputt, aber ein Quarzkristall könnte Daten viele Milliarden Jahre intakt halten. Die Daten werden auf eine kleine kristalline Scheibe gelasert.

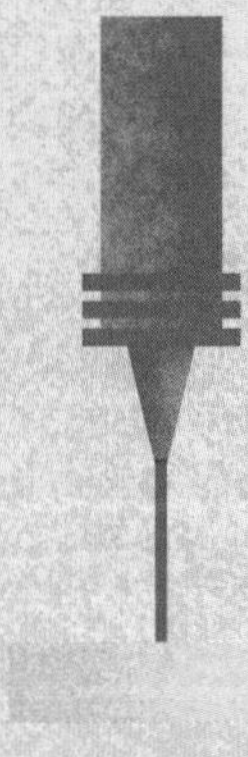

wie die Festplatte speichern Daten-»Bits« – die kleinsten Informationseinheiten, die ein Computer verarbeiten kann –, in winzigen Bereichen auf rotierenden Scheiben. Dies wird sich in den kommenden Jahren wahrscheinlich als ungenügend erweisen. Zur Deckung des steigenden Bedarfs werden neue Speichermethoden erforderlich.

Helium-Laufwerk
Helium statt Luft in einem Festplattenlaufwerk erhöht die Leistung. Da Helium eine viel geringere Dichte hat als Luft, werden Widerstand und Turbulenzen beim Drehen der Scheibe minimiert, sodass mehr Platten auf gleichem Raum Platz finden.

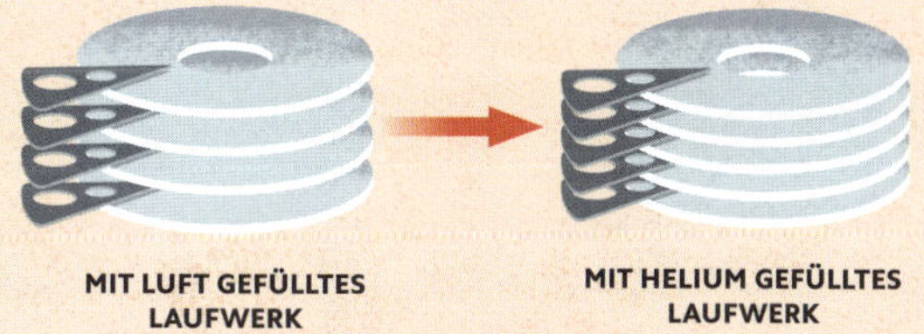

SMR-Festplattenlaufwerk
Konventionelle Festplatten speichern Daten in getrennten Rillen, aber das »Shingled Magnetic Recording« (SMR) erlaubt eine leichte Überlappung von alten und neuen Spuren, sodass die Kapazität höher ist.

DNA-Speicherung
Daten lassen sich in Form von künstlichen DNA-Strängen codieren und später wieder decodieren. Die Daten werden in eine Folge der vier DNA-Basen übersetzt (A, C, G und T), ein DNA-Strang mit dieser Folge wird synthetisiert und aufbewahrt. So lassen sich Daten extrem dicht speichern.

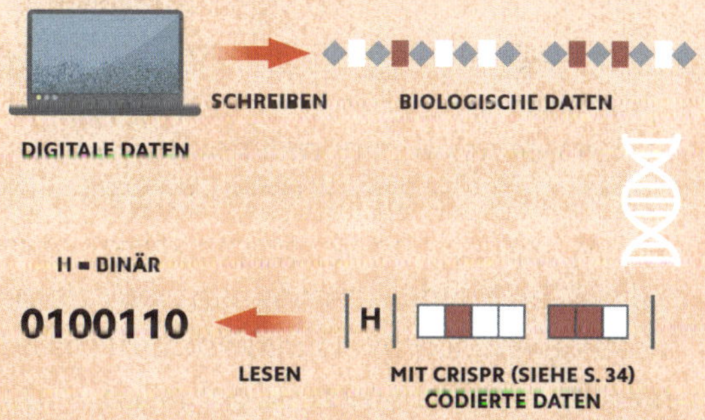

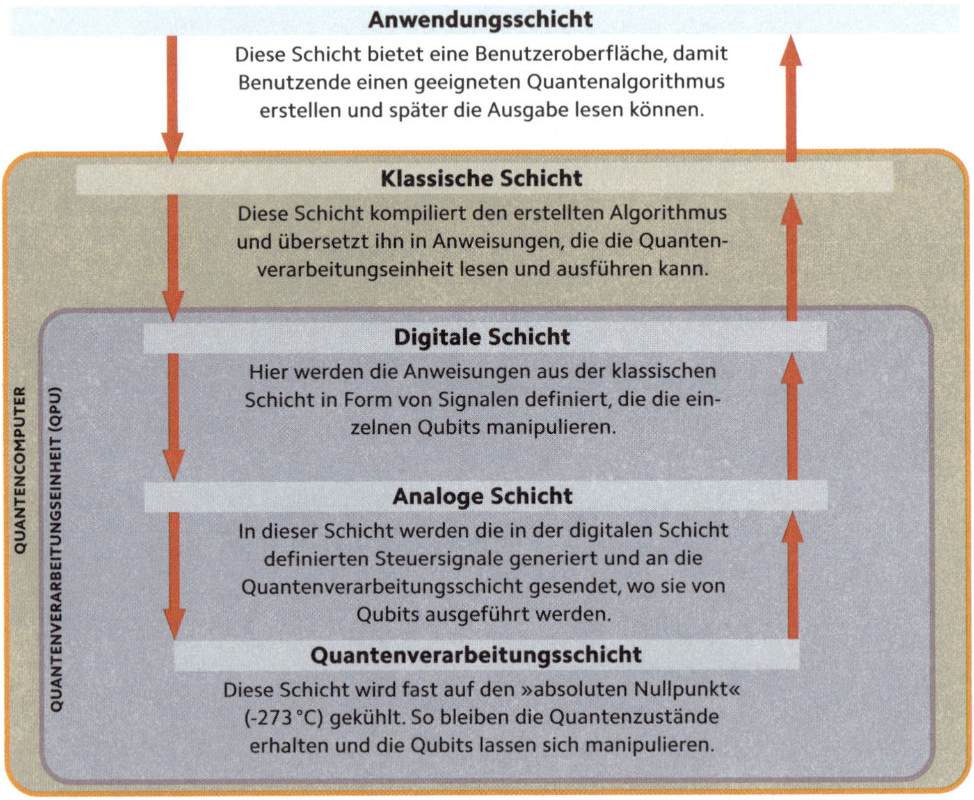

UNMÖGLICH GIBT ES NICHT

Ein Quantencomputer führt Berechnungen auf der Ebene der Atome oder subatomaren Teilchen wie Protonen und Elektronen durch und nutzt dabei das Verhalten der Materie in diesem »Quantenbereich«. So kann er potenziell Aufgaben lösen, die für klassische Computer (die mit Bits arbeiten, die entweder den Wert »0« oder »1« annehmen können) im Bereich des Unmöglichen liegen – von der Simulation komplexer physikalischer Systeme bis hin zum Knacken von Verschlüsselungsprotokollen. Bau und Betrieb eines Quantencomputers stellen Forschende jedoch vor gewaltige Schwierigkeiten, sodass die Leistung klassischer Computer bei praktischen Problemen derzeit noch überlegen ist.

ÜBERALL GLEICHZEITIG

Die Informationseinheit normaler Computer ist das »Bit« – eine binäre Ziffer, die entweder den Wert »0« oder den Wert »1« annehmen kann. Die Einheit beim Quanten-Computing ist dagegen das Quantenbit oder »Qubit« – ein subatomares Teilchen. Qubits können in zwei möglichen Zuständen gleichzeitig existieren, man nennt das »Superposition«. Bei einer Messung (einer Manipulation der Qubits, um ein numerisches Ergebnis zu erhalten), kollabiert die Superposition und das Qubit nimmt einen bestimmten Zustand an. Theoretisch wären Quantencomputer aufgrund von Superposition und Verschränkung (siehe unten) extrem leistungsfähig.

Bits

Klassisches Computing basiert auf der Manipulation von Bits. Ein Bit hat immer einen von zwei Zuständen die durch die Werte »0« und »1« repräsentiert werden.

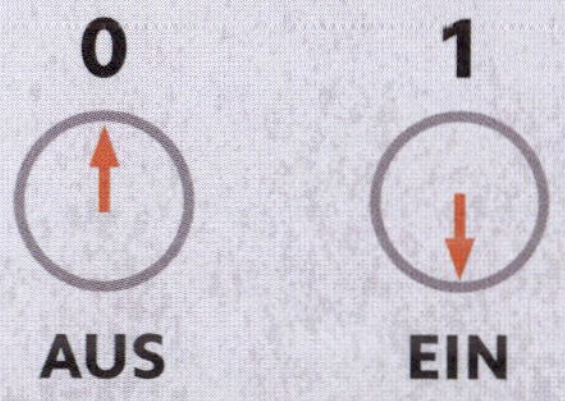

Qubits

Quanten-Computing basiert auf der Manipulation von Qubits. Ein solches Qubit kann eine Kombination von beiden Zuständen gleichzeitig annehmen.

SUPERPOSITION

Qubits können die beiden Zustände »0« und »1« gleichzeitig repräsentieren.

VERSCHRÄNKUNG

Qubits unterliegen dem Zufall, aber Forschende können sie so »verschränken«, dass der Zustand des einen vom Zustand des anderen abhängt. So wird ihr Verhalten vorhersehbar, was die Verarbeitung im Computer sehr beschleunigt.

QUANTEN IN DER PRAXIS

Trotz der Entwicklungsfortschritte bei der empfindlichen Hardware sind Quantencomputer derzeit noch kaum praktisch verwendbar. Die Forschung konzentriert sich daher auch darauf, Einsatzmöglichkeiten zu finden. Vor allem bei Problemen mit sehr vielen Optionen wären sie sehr wertvoll: Klassische Computer müssen jede Möglichkeit einzeln berechnen, aber Quantenrechner könnten viele Optionen gleichzeitig betrachten. Sie könnten die Kryptografie revolutionieren, die auf der Grundlage mathematischer Probleme arbeitet, die heutige Computer nicht lösen können.

Suche nach Aufgaben
Neben Bereichen wie Kombinatorik und Generierung von Zufallszahlen gibt es derzeit kaum Anwendungsmöglichkeiten für Quantencomputer.

KOMBINATORIK
Für Kombinatorik-Berechnungen brauchen klassische Computer ewig, denn sie erfordern die Lösung von Myriaden von Permutationen. Diese Aufgabe könnten Quantencomputer im Prinzip viel schneller erledigen.

ZUFALLSZAHLEN-GENERIERUNG
Die Generierung echter Zufallszahlen ist z. B. für Computersimulationen, maschinelles Lernen (siehe S. 75), Kryptografie (siehe S. 90) und Gaming sehr nützlich.

KLASSISCH ODER QUANTISCH

Quantenüberlegenheit ist ein symbolisches Ziel des Quanten-Computings: Es soll gezeigt werden, dass ein Quantencomputer Probleme bewältigen kann, die klassische Computer nicht lösen können. Auf dem Weg dahin ergeben sich zwei wichtige Komplikationen. Erstens muss man ein Problem finden, bei dem Quantencomputer einen definitiven Vorteil bieten, und zweitens muss man einen Quantencomputer mit vielen Qubits bauen, der die Dekohärenz unter Kontrolle hält, also die Interaktion zwischen Qubits und Umwelt (siehe S. 87), welche Störungen und Informationsverluste verursacht.

Nicht zu bewältigende Probleme?
Wenn bestimmte Probleme immer größer werden, steigen Zeit und Ressourcen, die klassische Computer für ihre Lösung brauchen, exponentiell an. Quantencomputer sind theoretisch viel effizienter.

EXTREM SCHNELLE LÖSUNG
Ein Quantencomputer könnte Aufgabenstellungen, für die ein klassischer Computer Jahrtausende bräuchte, in wenigen Minuten lösen.

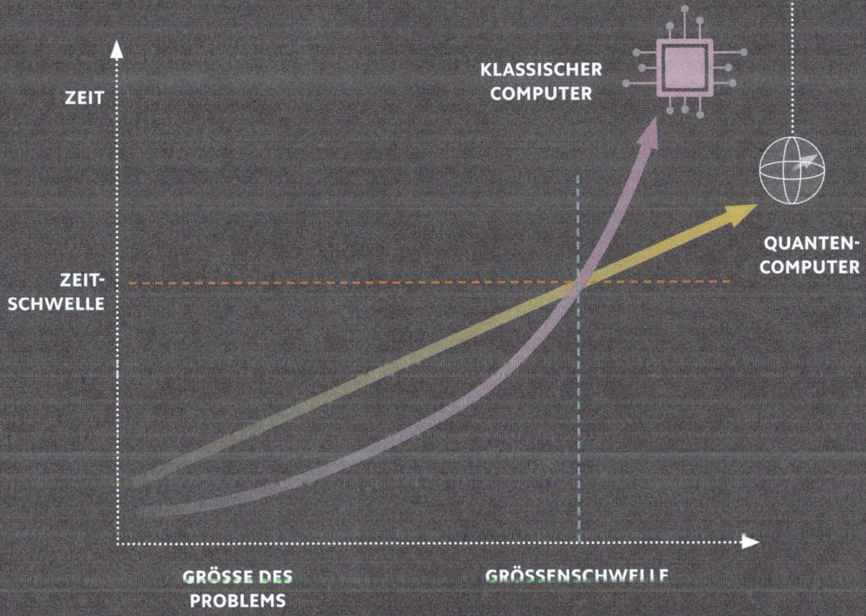

Filtern eines Photonenstroms
Der Absender nutzt vier Filter, die zufällig gewechselt werden, sodass ein Strom aus polarisierten Photonen (Lichtteilchen) entsteht. Jedes Photon repräsentiert entweder »0« oder »1«.

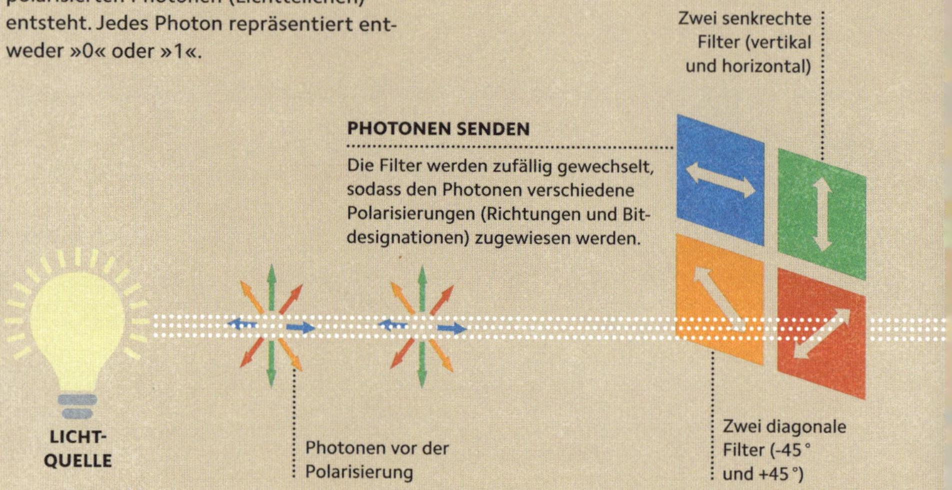

NICHT ZU KNACKEN

Die Kryptografie beschäftigt sich mit der Verschlüsselung von Daten, sodass sie nur mit dem richtigen »Schlüssel« wieder decodiert werden können. Die Quanten-Kryptografie gilt als sicherer als klassische Methoden, weil ihre Sicherheit nicht von komplexen mathematischen Problemen abhängt, sondern auf physikalischen Gesetzen beruht. Das bekannteste Beispiel ist der Quantenschlüsselaustausch, bei dem Absender und Empfänger zum Erstellen des Schlüssels Teilchen in Quantenzuständen austauschen. Ein Quantenzustand wird bei seiner Messung immer gestört, sodass ein etwaiger »Lauscher« (Hacker), der die Teilchen abfangen wollte, unweigerlich entdeckt würde.

SICHERHEITSGARANTIE
Ein Lauscher würde den Zustand der Photonen allein dadurch stören, dass er sie beobachtet. So ist sichergestellt, dass sie nicht unbemerkt abgefangen werden können.

PHOTONEN EMPFANGEN
Der Empfänger wechselt zufällig zwischen senkrechten und diagonalen Filtern, die die Photonen bei der Ankunft passieren.

POLARISIERUNG
Dieses Photon passierte den +45°-Diagonalfilter und ist daher in diese Richtung polarisiert.

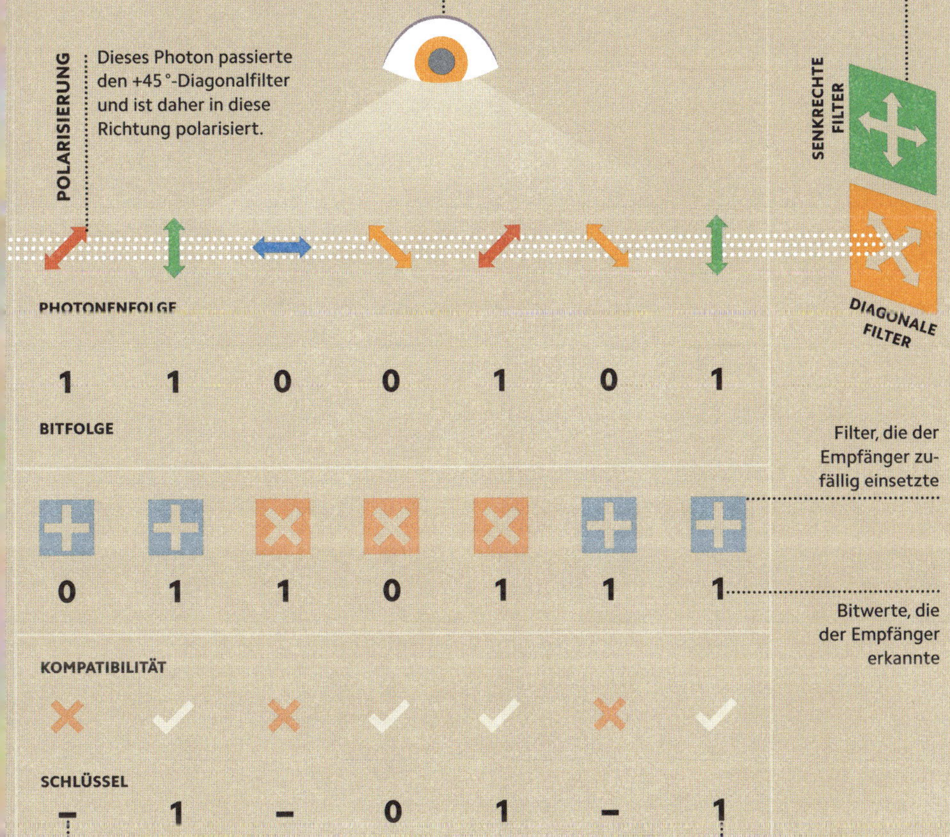

NICHT PASSEND
Der Absender polarisierte ein Photon mit einem diagonalen Filter von +45°, doch der Empfänger schickte es durch einen senkrechten Filter, sodass ein falsches Ergebnis entstand. Wenn beide die Filter vergleichen, wird das falsche Ergebnis verworfen.

PASSEND
Absender und Empfänger verwendeten beide senkrechte Filter, daher ist ihr Ergebnis gleich. Diese Ergebnisse werden nun Teil des Schlüssels zur Codierung und Decodierung ihrer Nachrichten, die sie über klassische Kanäle hin und her senden.

Nanodiamanten
Künstliche Nanodiamanten mit spezifischen atomaren Strukturen können Quanteneigenschaften annehmen und als Quantensensoren dienen.

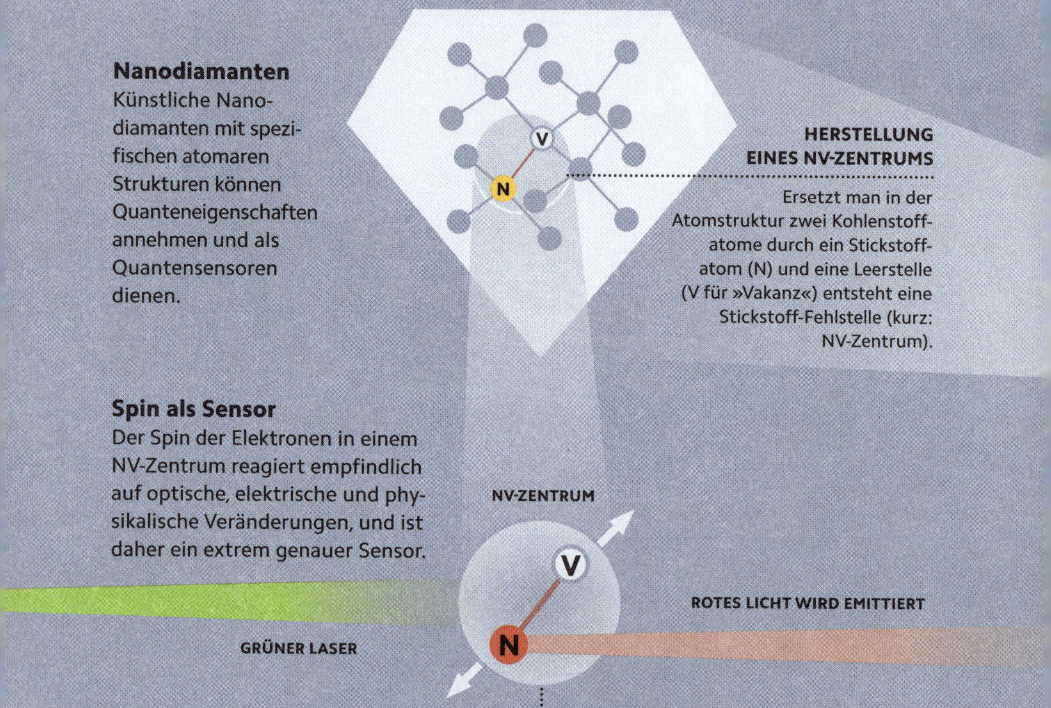

HERSTELLUNG EINES NV-ZENTRUMS
Ersetzt man in der Atomstruktur zwei Kohlenstoffatome durch ein Stickstoffatom (N) und eine Leerstelle (V für »Vakanz«) entsteht eine Stickstoff-Fehlstelle (kurz: NV-Zentrum).

Spin als Sensor
Der Spin der Elektronen in einem NV-Zentrum reagiert empfindlich auf optische, elektrische und physikalische Veränderungen, und ist daher ein extrem genauer Sensor.

MESSUNG VON MAGNETFELDERN
Wird ein NV-Zentrum von einem grünen Laser getroffen, emittiert es rotes Licht, das von Magnetismus beeinflusst wird. An der Intensität des roten Lichts können Forschende das örtliche Magnetfeld sehr präzise messen.

EMPFINDLICHE EMPFÄNGER

Für den Bau von Quantencomputern sind die empfindlichen Quantenzustände ein Hindernis, aber für Messungen sind sie ideal. Quantensensoren wie künstliche NV-Zentren in Nanodiamanten messen Variablen wie elektrische und Magnetfelder oder pH-Werte

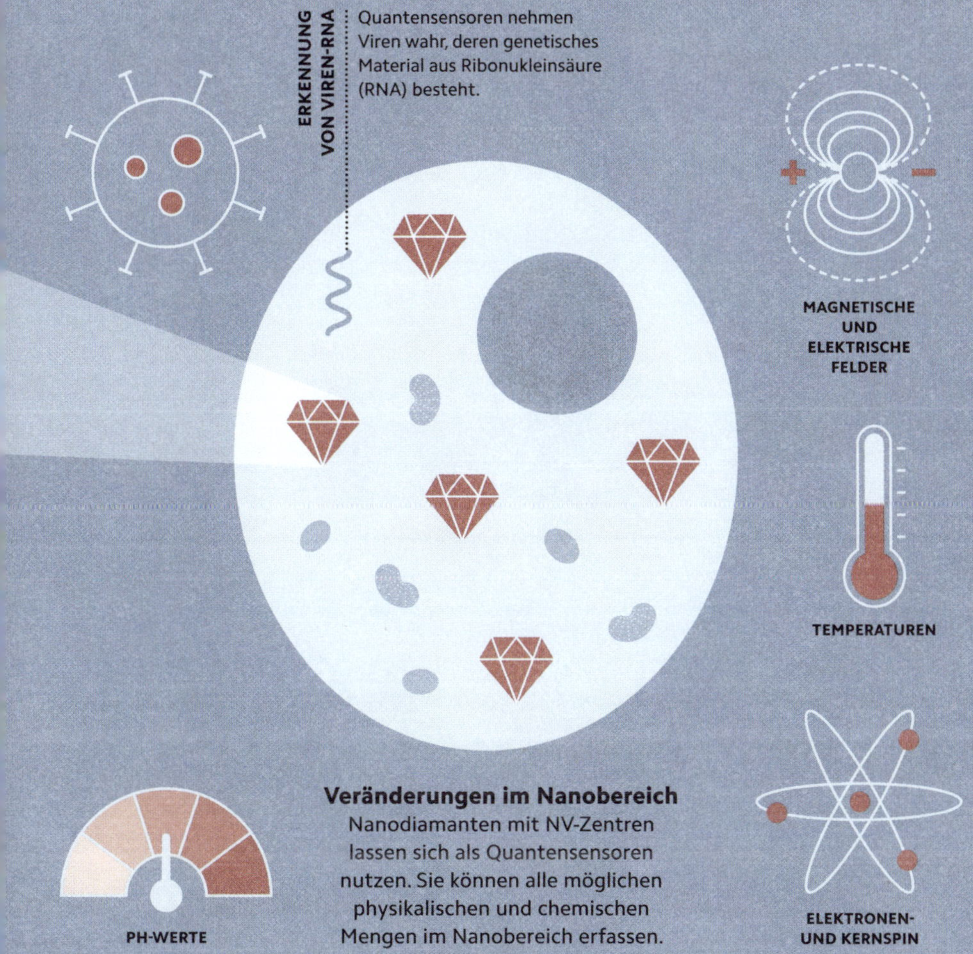

Veränderungen im Nanobereich
Nanodiamanten mit NV-Zentren lassen sich als Quantensensoren nutzen. Sie können alle möglichen physikalischen und chemischen Mengen im Nanobereich erfassen.

anhand von Quantenphänomenen genauer als alle bisherigen Geräte. In der Forschung werden Quantensensoren derzeit zur Messung der Aktivität von Neuronen (Nervenzellen) eingesetzt. Sie messen die winzigen Magnetfelder, die durch den Stromfluss im Gehirn entstehen.

KOMMUN

UND **MED**

IKATION
IEN

Heute stehen Zigmilliarden Geräte über Infrastruktur wie das 5-G-Netz oder Satellitennetzwerke in ständiger Verbindung. Dies wird als das Internet der Dinge (Internet of Things oder IoT) bezeichnet. Das bisherige Internet tritt in eine neue Phase ein, in der es möglicherweise dezentraler und demokratischer wird, denn Technologien wie die Blockchain lassen sich nicht zentral steuern. Die Grenze zwischen Körper und Computer verschwimmt durch immer mehr digitale Erfahrungen jenseits von Bildschirmen. VR-Headsets lassen Menschen in virtuelle Umgebungen eintauchen und darin agieren. Manche Menschen hoffen gar, dass es noch während ihrer Lebenszeit möglich werden wird, im Computer zu leben.

ALLES WIRD VERNETZT

Das Internet der Dinge (»Internet of Things«, IoT) bezeichnet das stetig wachsende Netzwerk aus vielen Milliarden Objekten, die mit Sensoren, Stellantrieben und Kommunikationsgeräten ausgestattet sind. Damit lassen sich immer größere Teile unserer physischen Umwelt präzise überwachen und steuern. In sogenannten »Smarthomes« könnte z.B. eine Überwachung der Luftqualität dem Besitzer Daten und Empfehlungen liefern und der Backofen ließe sich per App aus der Ferne einschalten. Auch intelligente Städte (siehe S. 142) und die Präzisionslandwirtschaft (siehe S. 47) sind Teil des IoT.

> »Das Internet der Dinge schafft eine intelligente, stärker vernetzte Welt.«
>
> Eric Schmidt, Unternehmer

GERÄTENUTZUNG ÜBERWACHEN

Intelligente Beleuchtung schaltet sich selbst nach Bedarf ein und aus und intelligente Sicherungen steuern den Stromfluss zu allen Geräten.

FERNBEDIENUNG

Intelligente Haushaltsgeräte lassen sich prüfen und per App mit Anweisungen füttern. So kann man von jedem Ort der Welt aus auf sie zugreifen.

INTELLIGENTE KÜCHE

Küchengeräte können ferngesteuert werden und einige ließen sich sogar mit KI ausstatten. Ein Kühlschrank konnte z.B. seinen Inhalt »sehen« und Rezepte vorschlagen.

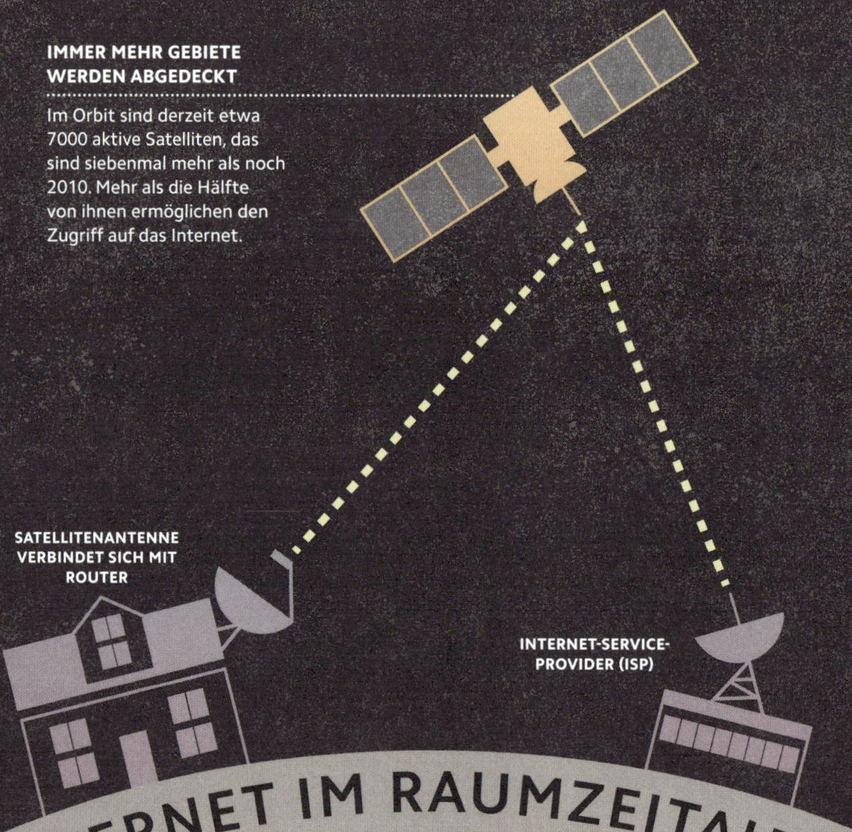

INTERNET IM RAUMZEITALTER

Ein Satellit stellt einen Kommunikationskanal zwischen zwei Orten auf der Erde her. Er überträgt und verstärkt das Funksignal zwischen dem Sende- und Empfangsgerät und ermöglicht so eine drahtlose Verbindung, die sonst wegen der Erdkrümmung nicht zustande käme. Kommunikationssatelliten gibt es bereits seit Jahrzehnten, aber erst seit Kurzem stehen sie in großer Zahl zur Verfügung. Internetzugriff per Satellit ist vor allem für Menschen in entlegenen Gebieten ohne Bodeninfrastruktur hilfreich. Er wird zunehmend durch Satellitenkonstellationen bereitgestellt (siehe rechte Seite).

GLOBALE ABDECKUNG

Eine Satellitenkonstellation ist eine Gruppe von Satelliten, die als ein System zusammenarbeiten. Ein einzelner Satellit kann nur ein begrenztes Gebiet abdecken, während eine Konstellation den gesamten Erdball überspannt. Die bekanntesten solcher Konstellationen sind wohl die Globalen Navigationssatellitensysteme wie Galileo oder GPS (Globales Positionierungssystem) mit je etwa 30 Satelliten, die genaue Positionsangaben ermitteln können. Einige Konstellationen bestehen aus noch mehr Satelliten: Die Starlink-Konstellation, die Internetzugang bietet, umfasst Tausende von Satelliten. Die sinkenden Kosten von Weltraumstarts aufgrund wiederverwendbarer Raketen (siehe S. 69) ermöglichen zahlreiche derartige Projekte.

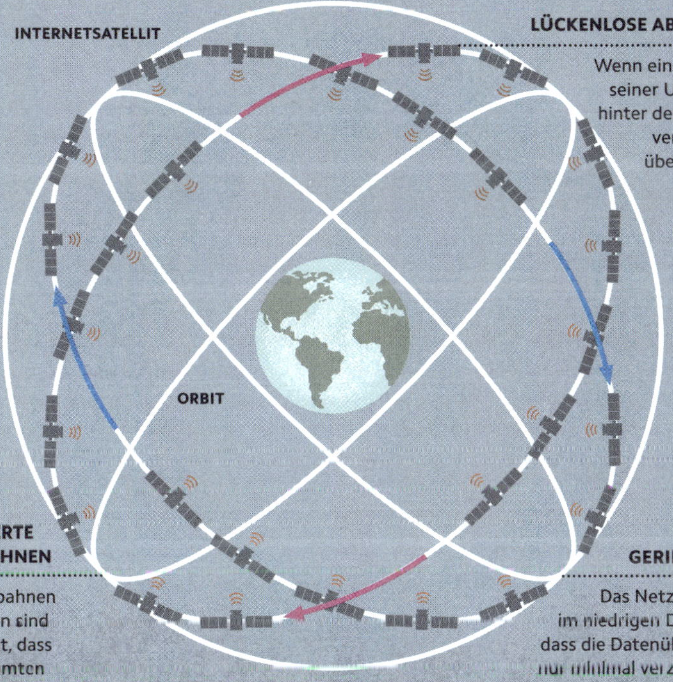

LICHTABHÄNGIGE VERNETZUNG
Geräte haben Online-Zugriff, solange sie vom Lichtstrahl erfasst werden.

Zukünftige Anwendungen
In städtischen Umgebungen, wo zahlreiche Geräte um Bandbreite konkurrieren, könnte Li-Fi mit künstlichen Lichtquellen arbeiten. Straßenlaternen, Fernsehgeräte und andere Dinge mit LEDs könnten Zugriff auf das Internet bieten.

INTERAKTION AUF DER STRASSE
Die Ampel kommuniziert mit den Autos und diese kommunizieren untereinander.

KOMMUNIKATION MIT LICHT

WLAN (Englisch »Wi-Fi«) ermöglicht die drahtlose Kommunikation über Router und Radiowellen, »Li-Fi« dagegen nutzt LED-Lampen und Lichtwellen. LEDs streamen Daten in Form von Lichtsignalen, die so schnell flickern, dass unsere Augen es nicht wahrnehmen, und die Geräte der Nutzenden konvertieren sie zurück in elektronische Daten. Li-Fi überträgt Daten schneller als WLAN, bietet mehr Bandbreite und erreicht für WLAN unzugängliche Orte (z.B. unter Wasser). Bisher wird es noch nicht sehr häufig eingesetzt, aber es besteht Interesse an der Technologie.

NETZ DER ZUKUNFT?

Bisher hat das Internet zwei Phasen: Im Web 1.0 konnte man Inhalte auf statischen Webseiten konsumieren und im Web 2.0 können Nutzende auf zentralisierten Plattformen eigene Inhalte erstellen und konsumieren. Das Web 3.0 wird als zunehmend dezentralisiert betrachtet, Blockchain (siehe S. 102) und KI (siehe S. 76–77) werden häufig eingesetzt. Über die genaue Definition und darüber, ob diese die Richtung, in die sich das Internet bewegt, richtig beschreibt, besteht jedoch noch Uneinigkeit. Manchmal scheint es z. B. auch, als würde das Internet nicht dezentralisiert, sondern immer mehr von einer kleinen Zahl von Technologiefirmen kontrolliert.

Wohin könnte 3.0 gehen?
Trotz widersprüchlicher Definitionen werden einige Schlüsselmerkmale mit dem Web 3.0 assoziiert. In der Regel haben sie damit zu tun, dass die einzelnen Nutzenden mehr Kontrolle erhalten.

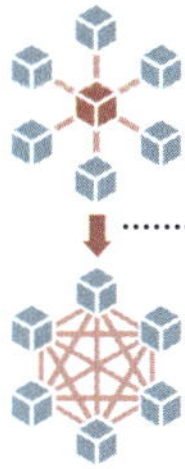

DEZENTRALISIERUNG

Peer-to-Peer-Netzwerke wie die Blockchain lassen sich nicht von einer zentralen Entität kontrollieren.

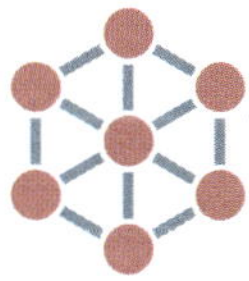

»CONNECTIVITY«

Eine Vielzahl von vernetzten Geräten sollen auf die Informationen zugreifen können (siehe S. 96).

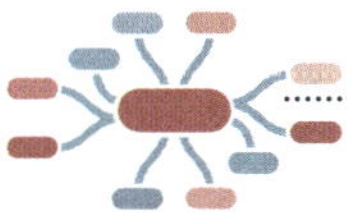

»SEMANTIC WEB«

Maschinen sollen fähig sein, die Informationen im Internet zu »verstehen«.

3-D-GRAFIK

Dreidimensionale visuelle Darstellungen werden vor allem in »virtuellen Welten« (siehe S. 105) immer weiter verbreitet.

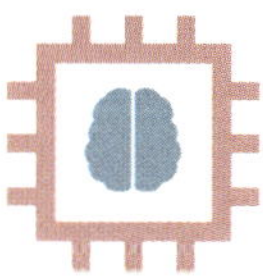

KI UND LERNENDE MASCHINEN

KI-Technologien – wie z. B. die generative KI (siehe S. 104) – werden internetweit integriert.

»PERMISSIONLESS«

Dies bedeutet, dass die Teilnahme öffentlich ist und nicht von der Erlaubnis einer zentralen Autorität abhängt.

BLOCK FÜR BLOCK

Ein »Distributed Ledger« (»verteiltes Kassenbuch«) ist eine auf vielen geografisch verteilten Computern gespeicherte Datenbank. Die bekannteste Anwendung ist die Blockchain: eine dezentralisierte Datenbank mit kryptografisch verknüpften Einträgen (»Blocks«), die sich nur mit dem Einverständnis aller Teilnehmer ändern lassen. Die Blockchain wird oft mit Kryptowährungen assoziiert, denn hier wird jede Transaktion in der betreffenden Blockchain aufgezeichnet. Man könnte sie auch im Lieferkettenmanagement einsetzen, um z. B. die Herkunft von Diamanten nachzuverfolgen.

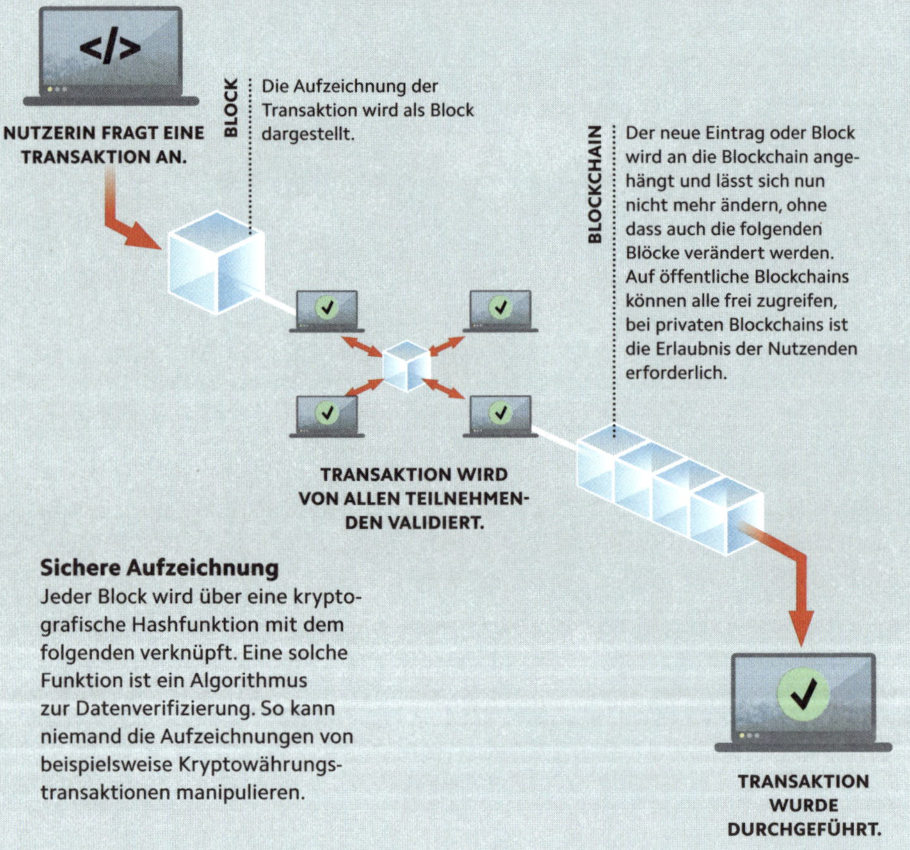

Sichere Aufzeichnung
Jeder Block wird über eine kryptografische Hashfunktion mit dem folgenden verknüpft. Eine solche Funktion ist ein Algorithmus zur Datenverifizierung. So kann niemand die Aufzeichnungen von beispielsweise Kryptowährungstransaktionen manipulieren.

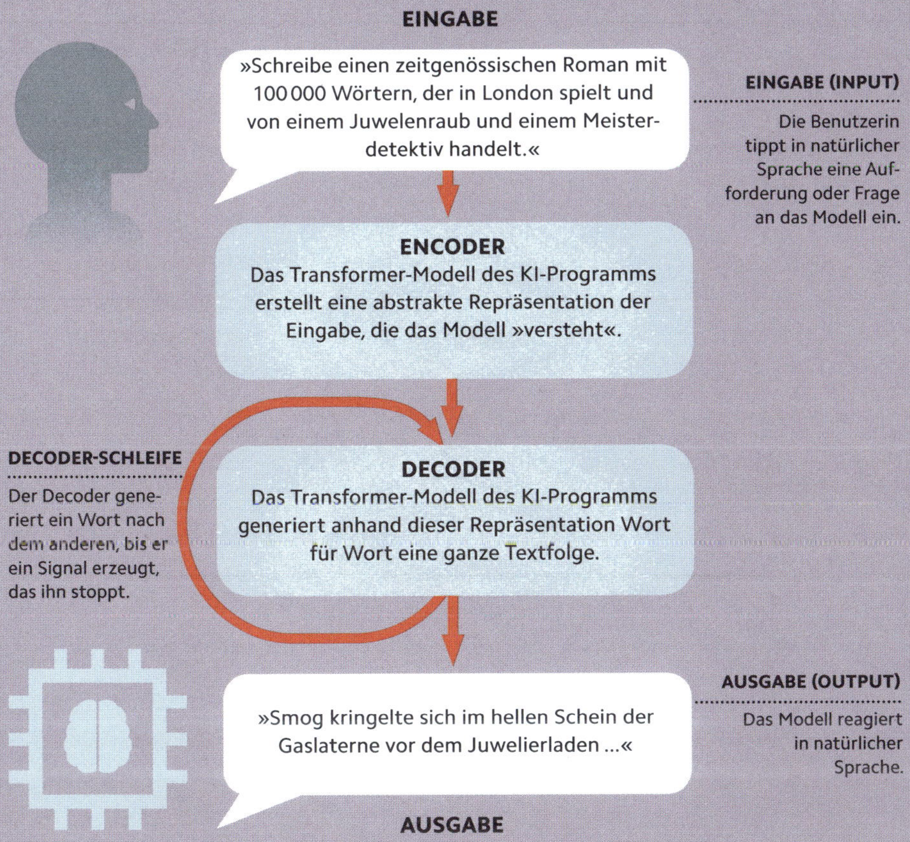

SPRACHEINGABE

Unter natürlicher Sprachverarbeitung (»Natural Language Processing«, NLP) versteht man die Fähigkeit von Maschinen, menschliche Sprache zu verstehen. In diesem Bereich der KI werden in letzter Zeit große Fortschritte erreicht, da die Modelle mit riesigen Datenmengen aus dem Internet im Lesen, Schreiben, Hörverständnis und Sprechen trainiert werden können (siehe S. 76). Die Texte großer Sprachmodelle (»Large Language Models«, LLM), einer Art der generativen KI, (siehe S. 104), sind z. B. von menschlich produzierten Texten nicht mehr unterscheidbar. Sie arbeiten, indem sie laufend das Folgewort vorhersagen.

KI ALS KÜNSTLER

Generative KI befasst sich mit der Erstellung von schriftlichen Texten, Audiomaterial, Bildern und anderen Medien. Die Modelle werden mit riesigen Datensätzen vorhandener Inhalte trainiert. Text-to-Image-Modelle lernen z. B. von im Internet verfügbaren Bildern mit Beschreibungstexten. Die raschen Fortschritte werfen jedoch Fragen auf: Kann KI »Eigentum« an Inhalten geltend machen und wie geht man mit überzeugender Desinformation wie gefälschten Fotos von Personen um? In Zukunft könnten authentische Werke z. B. mit verschlüsselten Wasserzeichen gekennzeichnet werden.

VIRTUELLE REALITÄT

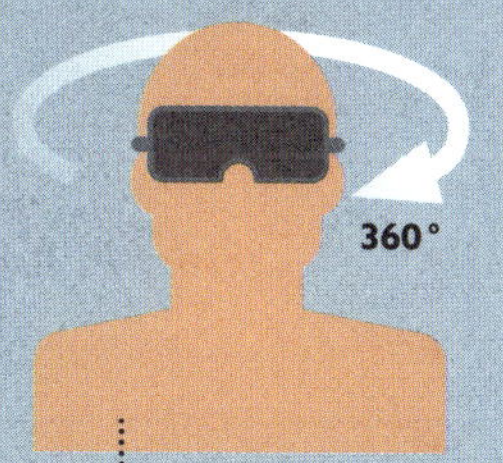

IMMERSIV Die Person wird in die Welt versetzt und nimmt die Realität nicht wahr.

AUGMENTED REALITY

ERWEITERT Die Person sieht eine erweiterte Version der echten Welt.

MIXED REALITY

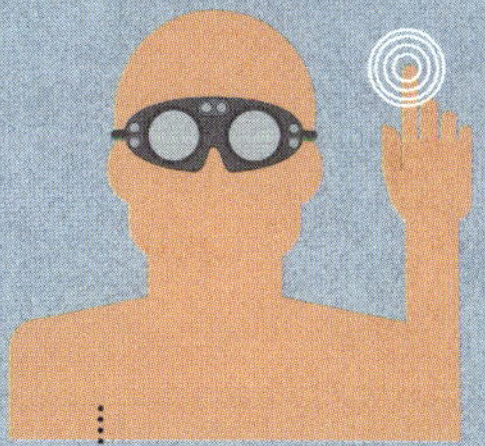

HYBRID Die Person interagiert mit echten und virtuellen Elementen.

VERBESSERTE UMGEBUNGEN

»Extended Reality« (XR) bezeichnet Technologien, die die Umgebung ihrer Benutzenden durch digitale Bilder bereichern oder ersetzen. Virtuelle Realität (VR) versetzt Personen meist durch ein tragbares Headset in eine künstliche Welt. Augmented Reality (AR) überlagert das Sichtfeld mit digitalen Elementen und Mixed Reality (MR) ist eine interaktivere Erweiterung von AR. Mit XR können sich Ingenieurinnen mit ihren Klienten »in« einen Bauplan versetzen lassen. Im Gesundheitswesen könnte man in immersiven Umgebungen die Reaktionen von Testpatienten testen.

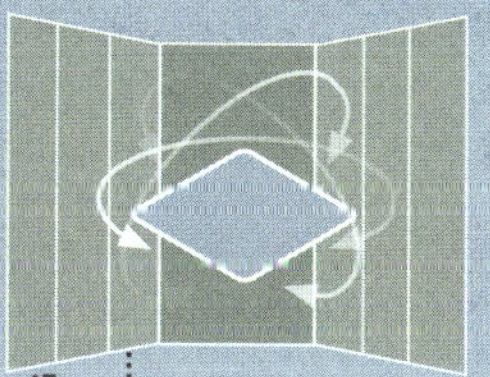

VOLLSTÄNDIG DIGITAL Repräsentation einer vollständig digitalen Umgebung

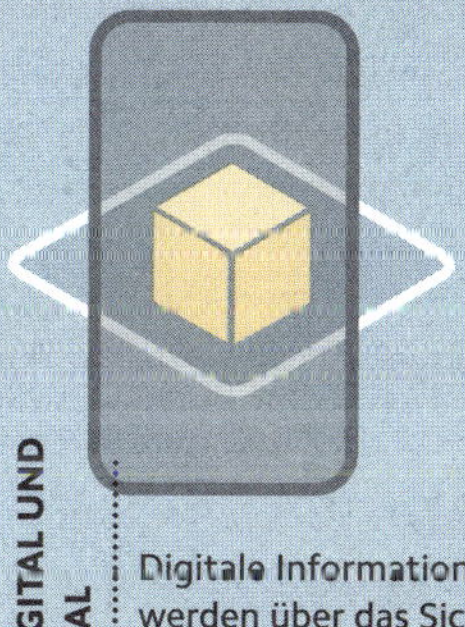

DIGITAL UND REAL Digitale Informationen werden über das Sichtfeld der Person gelegt.

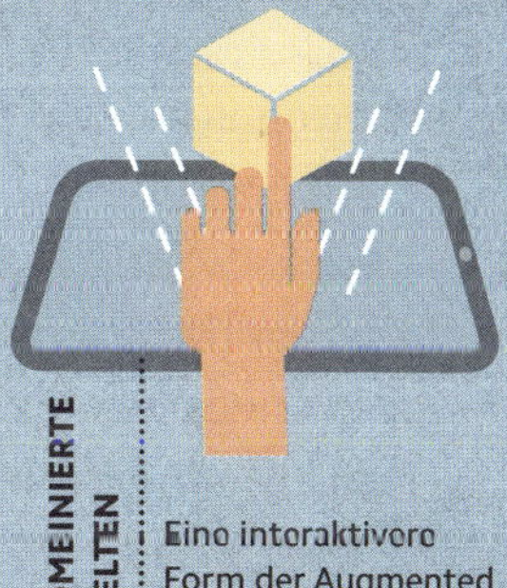

KOMBINIERTE WELTEN Eine interaktivere Form der Augmented Reality (AR)

Fitness-Fantasie
Mit VR-Hardware kann man sich für das Training zu Hause einen Avatar aussuchen, der einen in der virtuellen Trainingsgruppe darstellt.

HINEIN INS METAVERSUM …

Das Konzept des Metaversums als hypothetische Version des Internets wurde in dem Science-Fiction-Roman *Snow Crash* von Neal Stephenson erstmals beschrieben. Das Internet wird als eine umfassende, gemeinsame, virtuelle 3-D-Welt beschrieben, in der die Nutzenden durch Avatare repräsentiert werden, auf die sie in der Regel per VR-Hardware (siehe rechts und S. 105) zugreifen. In dieser immersiven Umgebung können die Nutzenden online arbeiten, shoppen, sich treffen und so weiter. Diese Vision des Metaversums wird bisher nicht sehr begeistert aufgenommen, aber metaversum-ähnliche Spiele sind bei mehreren hundert Millionen Teilnehmenden sehr beliebt. Sie bieten meist die »Flucht« aus dem Alltag in fantastische virtuelle Welten.

AUF EINEN WINK

Die meisten Computer werden per Maus, Tastatur, Touchscreen oder Mikrofon bedient. Die Gestenerkennung ermöglicht jedoch die Interaktion mit Computern ohne diese konventionellen Eingabegeräte durch Kopf-, Hand- und Augenbewegungen, die Körperhaltung oder gar Gesichtsausdrücke. Mit dieser umfassenden Palette von 3-D-Eingaben werden Erfahrungen in der erweiterten Realität (siehe S. 105) noch immersiver und intuitiver. Oft sind dazu spezielle Geräte wie Datenhandschuhe erforderlich, obwohl einige einfache Gesten bereits von einer einzelnen Webcam erkannt werden können. Gestenerkennung eignet sich besonders für die Anwendung in den Bereichen Gaming, Smarthomes, Gesundheit und Robotik. Auch Menschen mit bestimmten Behinderungen könnten so leichter Computer nutzen.

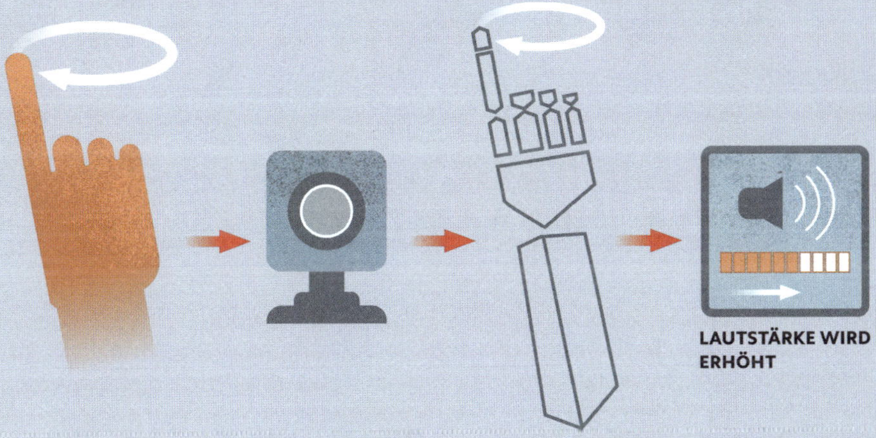

Signal
Die Hand führt eine Geste aus.

Aufzeichnung
Kameras nehmen die Bewegung wahr.

Vereinfachung
Ein Computer übersetzt die Hand in ein einfaches Symbol – hier ein Skelettmodell.

Ausführung
Der mit der Geste verknüpfte Befehl wird ausgeführt.

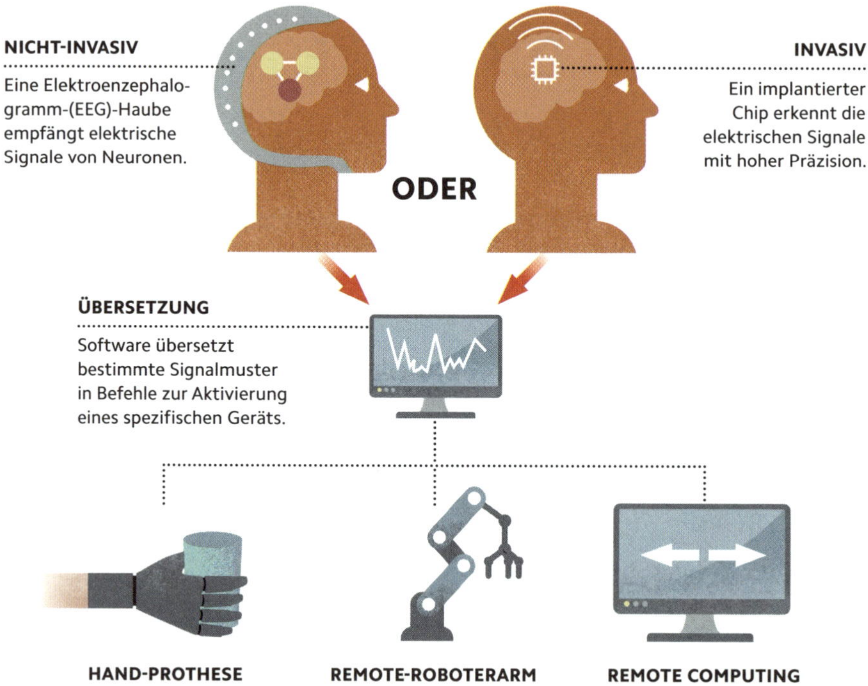

GEDANKEN-KONTROLLE

Eine Gehirn-Computer-Schnittstelle (»Brain-Computer Interface«, BCI) stellt durch invasive oder auch nicht-invasive Methoden eine Verbindung zwischen einem Gehirn und einem externen Gerät her. Man könnte viele Technologien als BCIs bezeichnen, aber in der Regel bezieht sich der Begriff auf die Steuerung von Geräten wie Computern oder robotischen Prothesen durch Gedanken. BCIs registrieren und analysieren elektrische Signale, die im Gehirn entstehen, und wandeln sie in Befehle für das Gerät um. Die hauptsächliche Anwendung ist der Ersatz einer menschlichen Funktion, die durch Krankheit oder Verletzung gestört ist, doch es besteht auch Interesse an Anwendungen in anderen Bereichen wie Gaming und Militär.

DIGITALE UNSTERBLICHKEIT

Manche Menschen könnten sich wohl vorstellen, eines Tages in digitaler Form ewig weiterzuleben (digitale Unsterblichkeit). Dazu würde wahrscheinlich das Gehirn gescannt und digital gespeichert, sodass die Persönlichkeit, die Erinnerungen und (laut einiger Vorstellungen) auch das Bewusstsein nach dem körperlichen Tod fortbestehen. Man könnte sich dann von einem Avatar vertreten lassen oder einen Roboterkörper steuern. Die Technik ist derzeit aber noch vollkommen spekulativ, denn bisher können Forschende nur Gehirne von sehr einfachen Organismen vollständig simulieren, wie das des Wurms *Caenorhabditis elegans*.

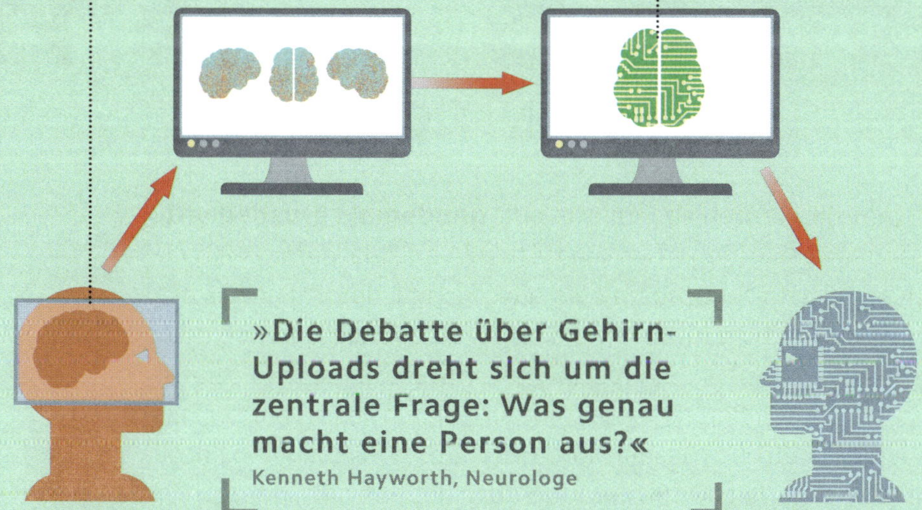

»Die Debatte über Gehirn-Uploads dreht sich um die zentrale Frage: Was genau macht eine Person aus?«
Kenneth Hayworth, Neurologe

ROBOTI

K

Roboter erledigen Aufgaben, die eintönig, schmutzig, gefährlich oder sehr schwer sind. In Fabriken arbeiten sie rund um die Uhr, nach Naturkatastrophen suchen sie nach Überlebenden und sie unternehmen Raumflüge ohne Wiederkehr. Es gibt sie in vielen Größen und einige winzige Roboter bestehen aus biologischen Komponenten wie Zellen. Auch ihre Autonomie variiert stark. Militärische Drohnen oder Operationssysteme werden exakt kontrolliert, während KI-Roboter selbstständig arbeiten. Roboter, die eng mit Menschen arbeiten, sind eine große Herausforderung. Man versucht, sie aus weichem Material, mit humanoiden Merkmalen und mit künstlicher sozialer Intelligenz zu konstruieren.

REMOTE-OPERATIONEN

Mit speziellen Robotersystemen lassen sich chirurgische Operationen mit höherer Präzision und Kontrolle durchführen. Am häufigsten wird das Da-Vinci-System eingesetzt, vor allem bei minimalinvasiven sogenannten Schlüssellochoperationen. Der Chirurg sitzt an einer Konsole und führt die Instrumente aus der Ferne. Das System sorgt für weniger Ermüdung, zittert niemals und ermöglicht OPs auch aus großer Entfernung. Heutige Fortschritte könnten dafür sorgen, dass OP-Roboter in Zukunft autonomer handeln und auch kompliziertere Operationen durchführen können.

GENAUES BILD

Der Chirurg empfängt ein 3-D-Bild der Stelle, die operiert werden soll.

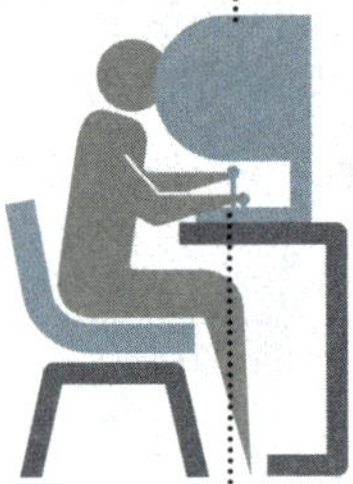

STEUERUNG

Der Chirurg handhabt über eine Konsole die Instrumente des Systems.

Aus der Ferne

Der Chirurg, der die Remote-OP durchführt, könnte sogar auf einem anderen Kontinent sitzen.

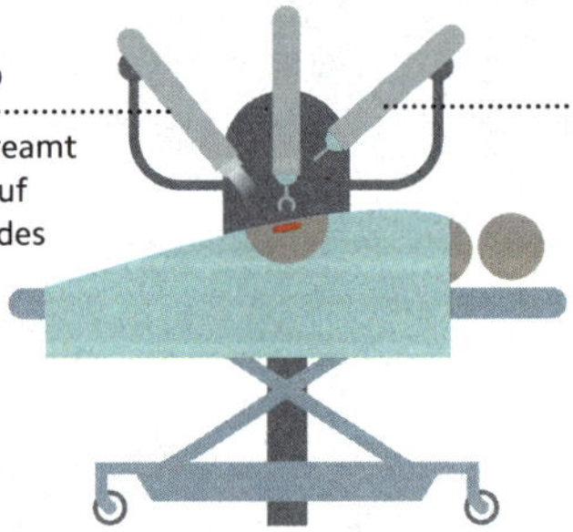

ALLES SEHEND

Eine Kamera streamt die Operation auf den Bildschirm des Chirurgen.

BOMBENSICHER

Die Roboterarme haben eine Handgelenksfunktion, die es ihnen ermöglicht, die chirurgischen Instrumente präzise zu bewegen.

ROBOTER IN DER FABRIK

Heute sind Millionen von Industrierobotern bei der Arbeit, die meisten von ihnen an Fertigungsstraßen, wo jeder immer wieder eine bestimmte Aufgabe sehr zuverlässig durchführt. Das häufigste Beispiel für diese Technologie ist der Roboterarm. Er ähnelt entfernt einem menschlichen Arm und hat am Ende einen Aufsatz, wie z. B. einen Greifer oder eine Elektrode. Er hat mehrere Gelenke, die ihm vielseitige Bewegungen ermöglichen. Industrieroboter eignen sich perfekt für intelligente Fertigungsbetriebe, in denen Daten von vernetzten Geräten zur Prozessoptimierung genutzt werden.

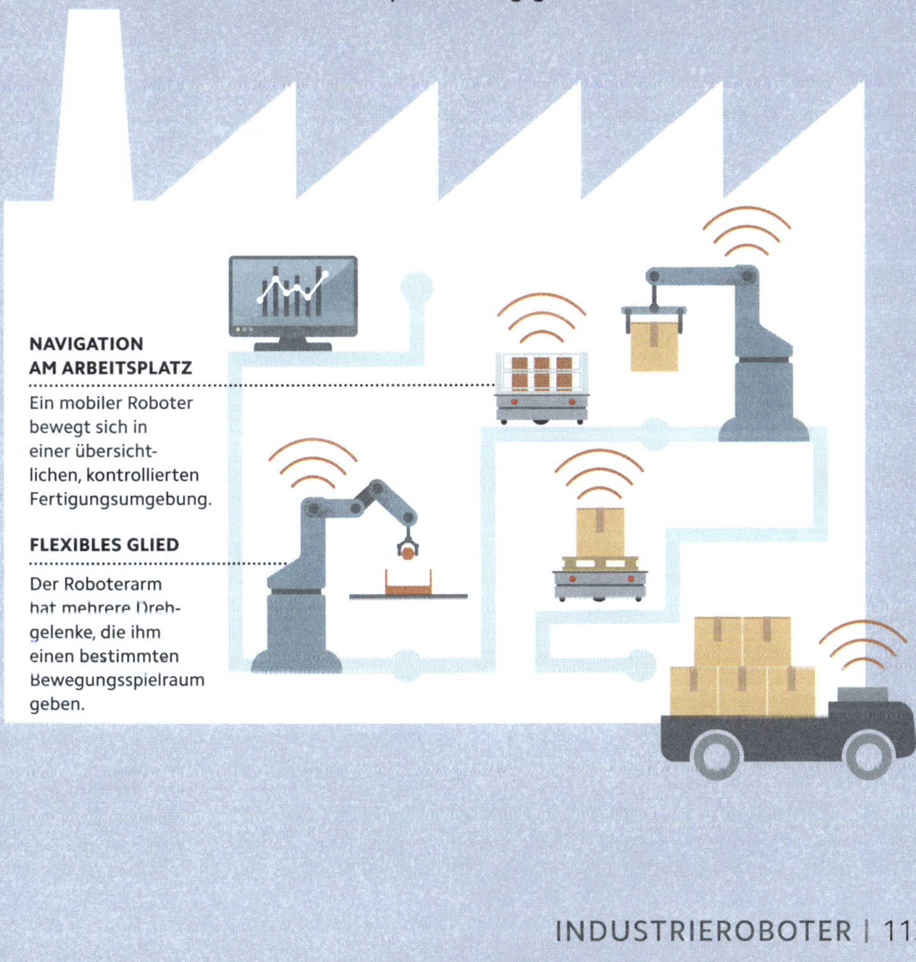

RETTUNG PER ROBOTER

Roboter werden in gefährlichen Katastrophengebieten zu Lebensrettern. Es gibt bereits vielfältige Roboter, die bei Rettungsmissionen Aufgaben wie die Suche nach Überlebenden, die Trümmerbeseitigung und den Transport von medizinischen Gütern übernehmen können. Sie fliegen, schwimmen, klettern über Schutt und zwängen sich durch schmale Öffnungen. Ihre Bewegungen sind oft denen von Tieren nachempfunden.

DROHNE

Eine Drohne mit Greifarm kann unzugängliche Orte erreichen und absuchen.

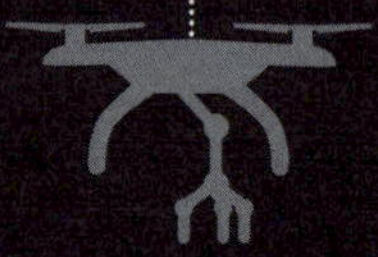

Bergungsmannschaft
Ein Team von speziellen Such- und Rettungsrobotern ist in Katastrophengebieten einsetzbar. Jeder Roboter erfüllt eine spezielle Aufgabe.

Hydrogel hat lange, vernetzte Moleküle.

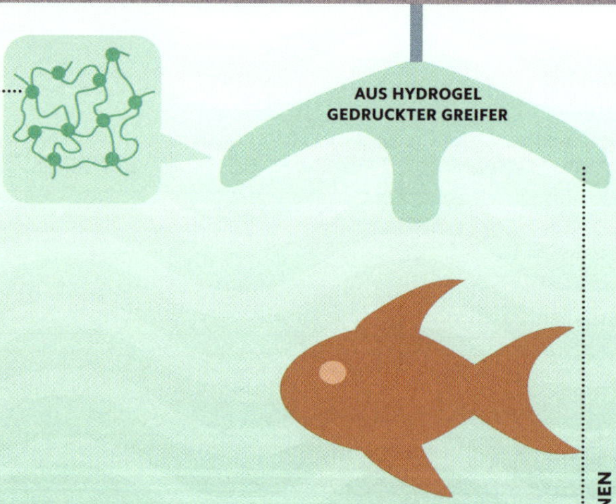

Hydrogel-Greifer
Eine aus Hydrogel gedruckte Greifvorrichtung kann Fische fangen, ohne ihnen zu schaden.

Der robotische Greifer besteht aus Hydrogelstrukturen, die mit gummiartigen Schläuchen verbunden sind.

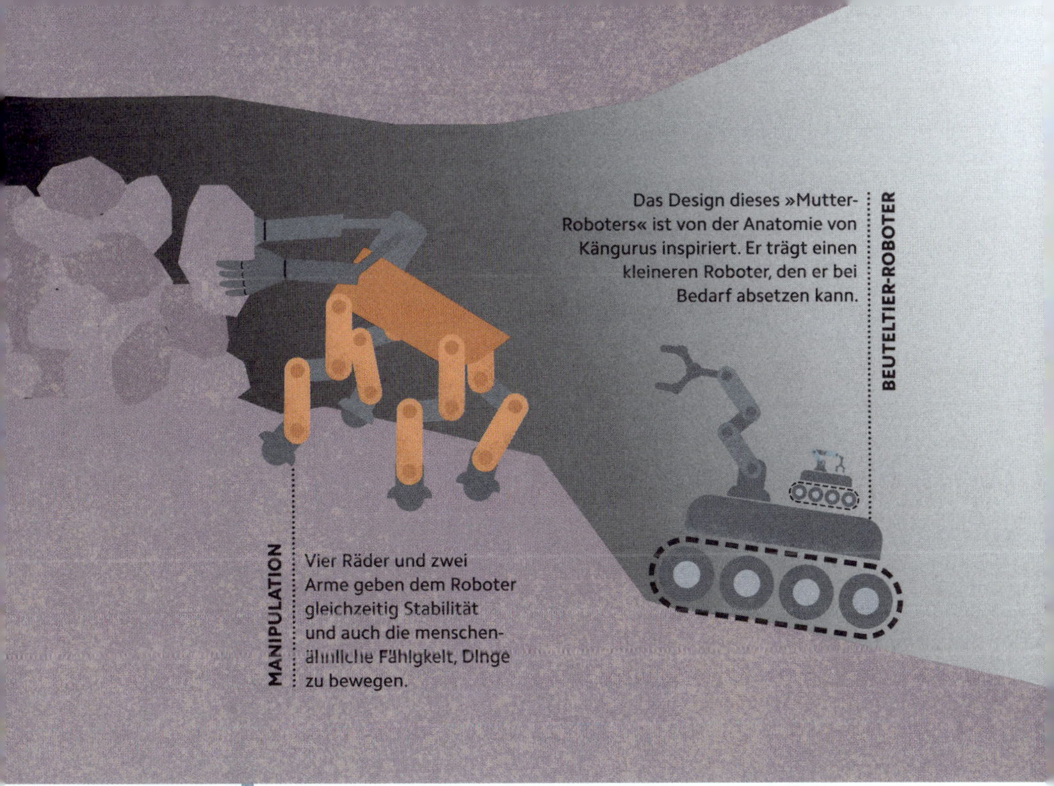

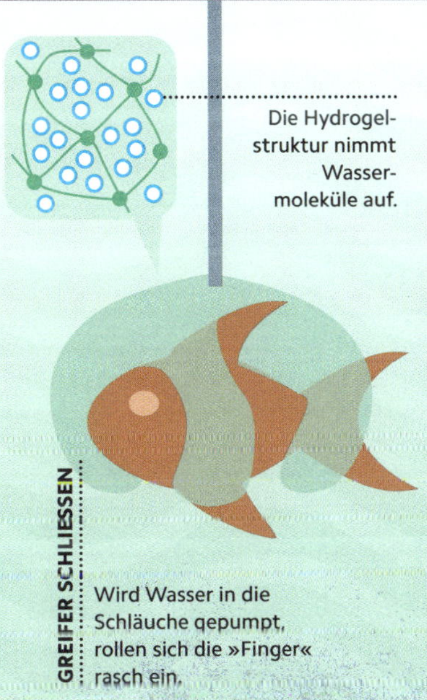

DER MENSCHLICHE TOUCH

Roboter sind meist aus harten Werkstoffen gebaut, z.B. Metall oder Hartplastik, doch die Soft-Robotik entwickelt Roboter aus Hydrogelen, Silikon, Gummi und anderen Materialien, die lebenden Geweben ähneln. Einige Roboter müssen ihre Form ändern können, um Stöße auszugleichen, und wenn sie Krankenpfleger im Umgang mit Patienten unterstützen sollen, müssen sie diese so vorsichtig behandeln wie ein Mensch.

Mikroschwimmer
Ein weicher Mikrobot nach dem Vorbild eines Parasiten schwimmt durch Blutgefäße und befreit verstopfte Arterien.

Roboter-Krabbe
Ein nur 0,5 mm breiter »krabbelnder« Roboter bewegt sich durch die Änderung seiner Form bei Wärme und Kälte.

Selbstfaltender Roboter
Ein Nanobot könnte sich selbst zu einer 3-D-Form falten und entfalten. Ein Stromstoß versetzt ihn in Bewegung.

MINIATUR-ROBOTER

Mikrobots (Roboter im Mikromaßstab) und Nanobots (Roboter im Nanomaßstab) bieten besondere Gelegenheiten, aber auch Herausforderungen. Sie könnten besonders in der Medizin sehr nützlich sein, da sie direkt im Körper diffizile Aufgaben wie das Auflösen von Blutgerinnseln erledigen können. Mikrobots und vor allem Nanobots sind derzeit aber noch meist in der experimentellen Phase, nicht zuletzt, weil die Energieversorgung in so winziger Größe ungeklärt ist. Eine mögliche Lösung wären biologische Komponenten – z. B. die Beteiligung eines Bakteriums oder einer Spermienzelle, die den Roboter vorwärtsbewegt.

Langhaariger Roboter
Die Haare eines Roboters nach dem Vorbild einer Larve vibrieren in Reaktion auf Schall, sodass er schwimmt.

Natürlicher Motor
Das Protein Kinesin »wandert« Zellstrukturen entlang. Es könnte als Motor für Nanobots dienen.

Nanocar
Ein »Auto« im Nanomaßstab rollt in Reaktion auf die Temperatur und könnte sich so durch den Körper bewegen.

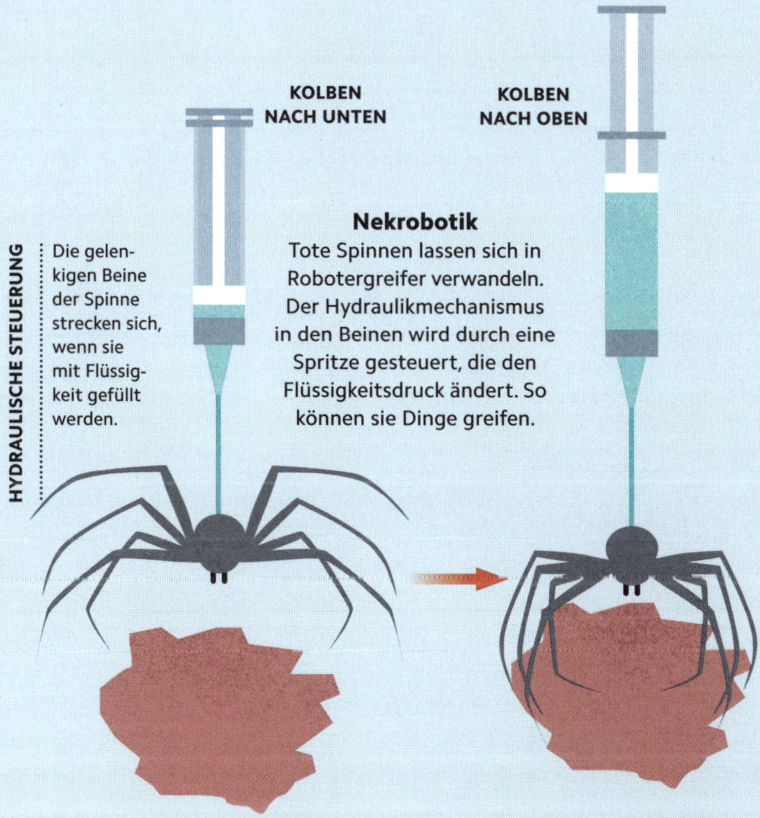

NUTZUNG DER NATUR

Die Bio-Robotik umfasst sowohl die Robotik nach dem Vorbild biologischer Systeme als auch die Robotik, die mit biologischen Systemen integriert wird. Roboter werden aus Zellen, Geweben und ganzen Organismen gebaut, sodass sie von den komplexen Mechanismen der Natur profitieren. Skelettmuskeln von Säugetieren oder Gewebe aus dem Rückengefäß (Kreislaufsystem) von Insekten werden z. B. als Aktoren verwendet, die Bewegungen erzeugen, und durch »Nekrobotik« (siehe oben) werden tote Spinnen zu Robotergreifern umfunktioniert. Diese Roboter sind biologisch abbaubar und können sich, wenn sie lebendig sind, selbst bewegen und heilen.

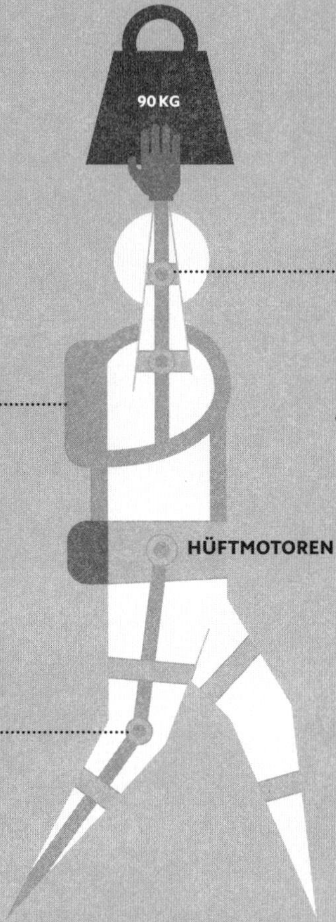

ÜBERMENSCHLICHE KRÄFTE

Motorisierte Exoskelette sind große Geräte, die die körperlichen Fähigkeiten erweitern. Sensoren in der Struktur liefern Daten an ein zentrales Steuersystem, das Signale an die Aktoren sendet, die das Exoskelett mit den beabsichtigten Bewegungen synchronisieren. Exoskelette werden in der Reha für Patienten eingesetzt, die nach Krankheiten oder Verletzungen bestimmte Funktionen (vor allem der Beine) wiederherstellen sollen. Es besteht aber auch Interesse an industriellen und militärischen Anwendungen, die den Tragenden übermenschliche Kräfte verleihen sollen.

SCHWARMINTELLIGENZ

Nach dem Modell des kooperativen Verhaltens von Insekten wie Ameisen bewirkt die Schwarm-Robotik intelligentes kollektives Verhalten in einer Gruppe einfacher Roboter. Diese lernen das intelligente Verhalten aus ihren Interaktionen untereinander, aber auch zwischen ihnen und der Umgebung. Der Schwarm ist fehlertolerant und funktioniert auch weiter, wenn einzelne Mitglieder ausfallen. Anwendungen wären z.B. Überwachung, Bauindustrie und Renaturierung. Roboter nach dem Vorbild von Bienen könnten Pflanzen bestäuben.

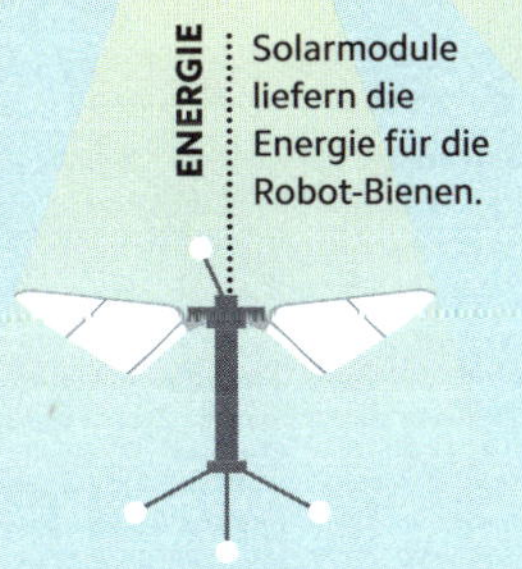

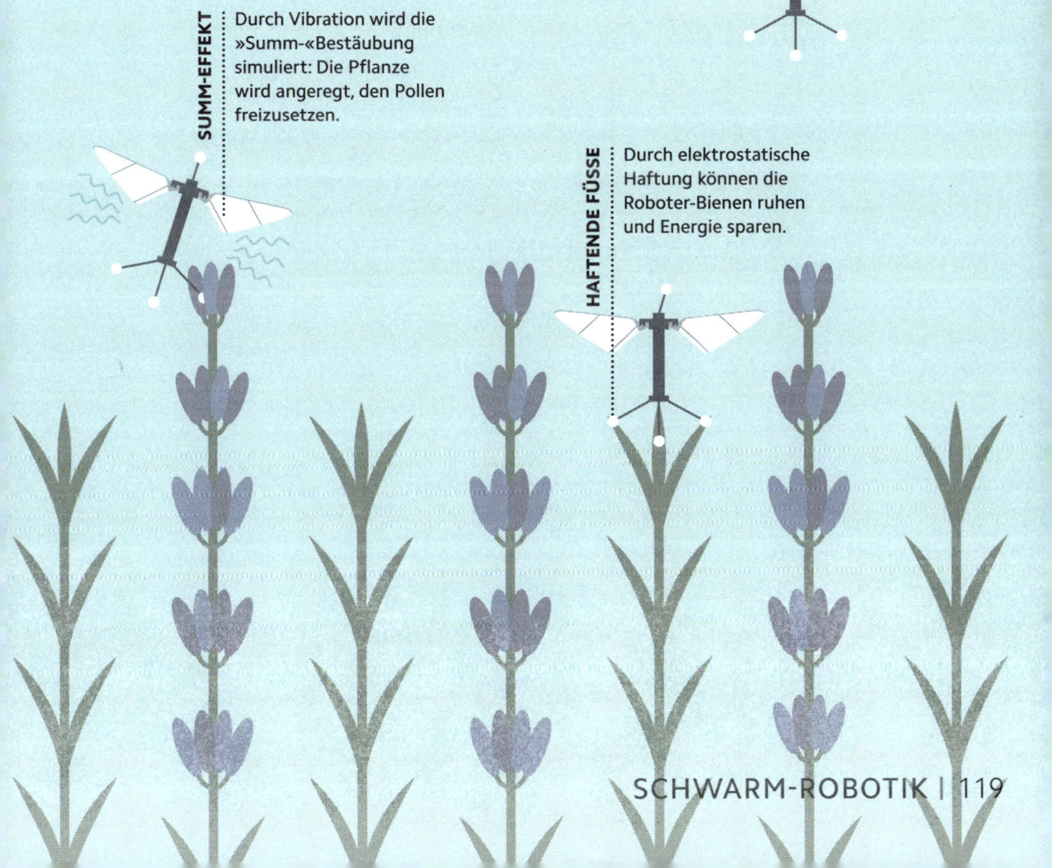

GEHIRN UND KÖRPER

Durch eine Verkörperung wird eine KI in die reale Welt versetzt. Sie erhält einen physischen »Körper«, der seine Umgebung wahrnimmt und mit ihr interagiert. KI-gesteuerte Roboter sind mit vielfältigen Sensoren und Aktoren ausgestattet, also mit Geräten, die die Umgebung wahrnehmen, und mit Geräten, die Signale in Bewegung übersetzen. Meist kann die KI aus ihren Interaktionen mit der physischen Welt lernen: Ein Staubsaugerroboter speichert z.B. nach und nach den Plan einer Wohnung. KI kann auch in humanoider Form verkörpert werden (siehe rechts), wenn dies für ihre Arbeit relevant ist, wenn sie also z.B. als Helfer oder Gesellschafter für Menschen eingesetzt wird.

LEBEN MIT ROBOTERN

Heute arbeiten die meisten Roboter nur in eng begrenzten Umgebungen wie Lagern und Fabriken. Unvorhersehbare Umgebungen in der »realen Welt« wie Restaurants (siehe oben), Krankenhäuser oder Bus- und Bahnstationen sind für sie sehr schwer zu bewältigen. Sie müssten sich in komplexen und veränderlichen Umgebungen zurechtfinden und vielleicht sogar Treppen steigen oder Türgriffe betätigen. Wenn sie mit Menschen kommunizieren sollen (siehe S. 103), müssen sie sprechen sowie Mimik und Gestik richtig deuten können.

KILLER-ROBOTER

Das Militär ist seit Langem eine starke Triebkraft für die Forschung und Entwicklung von Robotern. Durch den Einsatz von Robotern bei gefährlichen militärischen Operationen lässt sich die Zahl der menschlichen Todesopfer verringern. Vor allem Flugdrohnen werden in vielen Fällen eingesetzt. Sie dienen zur Überwachung und auch zu Angriffen aus der Luft. Meist werden sie von Menschen gesteuert, aber sie besitzen auch unterschiedliche Grade von Autonomie. Weitere Militärroboter sind beispielsweise Land- und Wasserdrohnen, Exoskelette (siehe S. 118) oder unbemannte Fahrzeuge zur Bergung von Verletzten sowie zur Verlegung und Räumung von Minen. Eher kontrovers diskutiert werden tödliche autonome Waffen, die selbstständig Ziele verfolgen und töten können.

FORSCHUNGSROBOTER

Weltraumorganisationen bauen bereits seit etwa 1960 Roboter, die den Weltraum billiger und einfacher erforschen können als menschliche Besatzungen. Einige Roboter arbeiten autonom, die Mars-Rover der NASA rollen z. B. über die Marsoberfläche, untersuchen das Gestein und senden Daten zur Erde. Andere wie der humanoide »Robonaut« auf der Internationalen Raumstation (ISS) unterstützen die Astronauten. Es werden laufend neue Roboter für immer ehrgeizigere Missionen entwickelt. Manche kommerzielle Unternehmen planen gar, mithilfe von Robotern auf Asteroiden nach wertvollen Metallen zu schürfen.

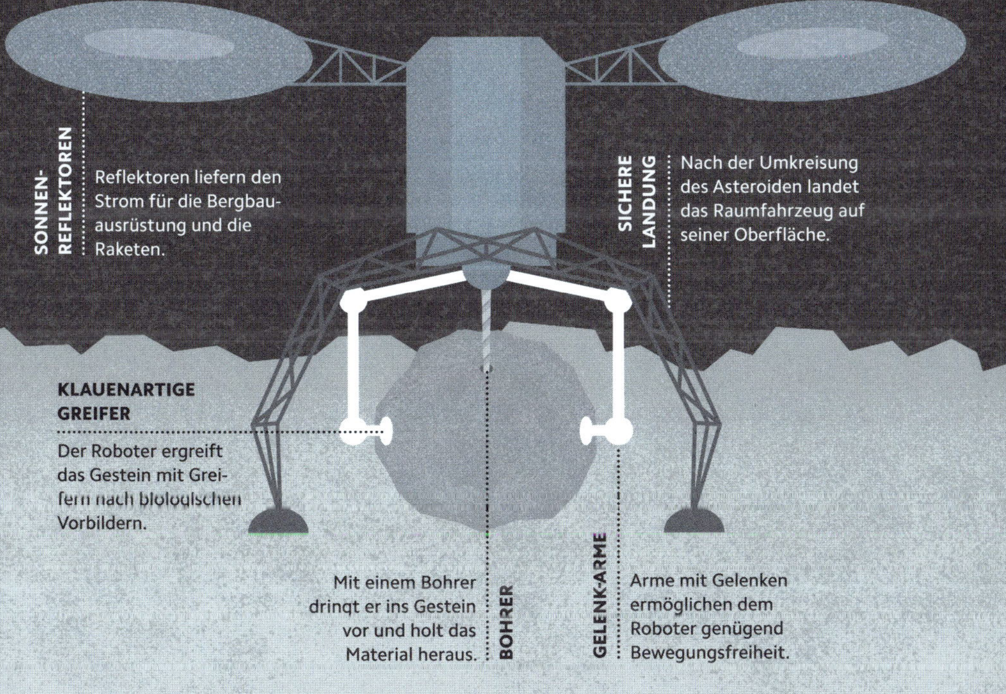

RAUMFAHRZEUG FÜR BERGBAU AUF ASTEROIDEN

ENERGIE

Der Energiesektor verändert sich sehr rasch und umfassend. Wir brauchen alternative Energiequellen als Ersatz für die fossilen Brennstoffe Kohle, Erdöl und Erdgas, um die Klimakatastrophe aufgrund der globalen Erwärmung zu verhindern, die Energieversorgung zu sichern und Verschwendung und Abgase zu minimieren. Dazu müssen wir die erneuerbaren Energien stark ausbauen und neue Technologien entwickeln, zum Beispiel zur CO_2-Abscheidung und -speicherung sowie zur Verteilung und Speicherung von Energie. Intelligente Stromnetze, große Batterien und rotorlose Windkraftanlagen sind einige der vielen Erfindungen, die den Sektor revolutionieren könnten.

> »Bei unstetigem Angebot kann nur ein intelligentes Netz Energieressourcen liefern.«
> Christoph Schell, Intel

E-ZUKUNFT

Konventionelle Stromnetze liefern Elektrizität von großen Gas-, Kohle- oder Kernkraftwerken an die Verbrauchenden. Erneuerbare, wetterabhängige Energiequellen wie Wind und Sonne müssen dagegen von einem »intelligenten Stromnetz« gemanagt werden, das viele Variablen berücksichtigen kann. In einem intelligenten Netz fließt Elektrizität aus diversen Quellen zu den Endverbrauchenden und diese können selbst Energie, z.B. von privaten Solaranlagen, einspeisen. Das Management von Angebot und Nachfrage übernimmt die Digitaltechnik. Strom, der nachts bei niedrigem Bedarf von Windrädern erzeugt wird, lädt dann z.B. Batterien auf (siehe S. 132), die tagsüber bei hoher Nachfrage Energie liefern.

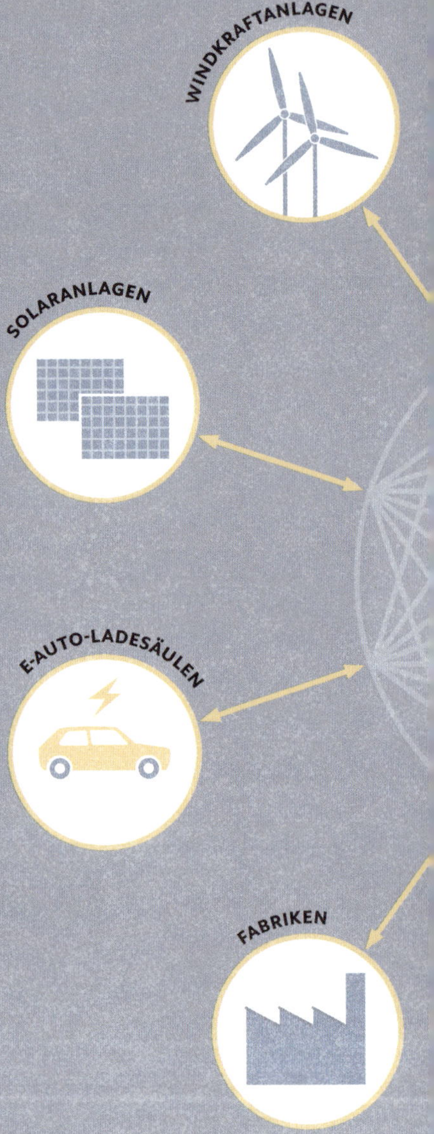

Vernetzung

In der heutigen Welt fließt der Strom in alle Richtungen, da die Verbrauchenden manchmal selbst wiederum Strom ins Netz einspeisen. Ein intelligentes Stromnetz managt Angebot und Nachfrage und verringert so Verschwendung ebenso wie das Risiko von Stromausfällen.

VON GRAU NACH GRÜN

Wasserstoff ist das häufigste Element im Universum und könnte eine umweltfreundliche Alternative zum fossilen Erdgas werden. Er lässt sich zum Heizen ebenso nutzen wie zur Stromgewinnung, für Industrieprozesse (auch in schwer zu dekarbonisierenden Sektoren wie der Stahlproduktion) und für Brennstoffzellen in Fahrzeugen (siehe S. 61). Allerdings entsteht bei seiner Herstellung bisher in der Regel Kohlendioxid und man nennt ihn daher »grau«. In Kombination mit Kohlendioxidabscheidung und -speicherung wird er »blau«, aber erst wenn er durch Elektrolyse gewonnen wird, ist er »grün«. Da dieser Prozess sehr teuer ist, ist bisher nur 0,1 Prozent allen Wasserstoffs grün.

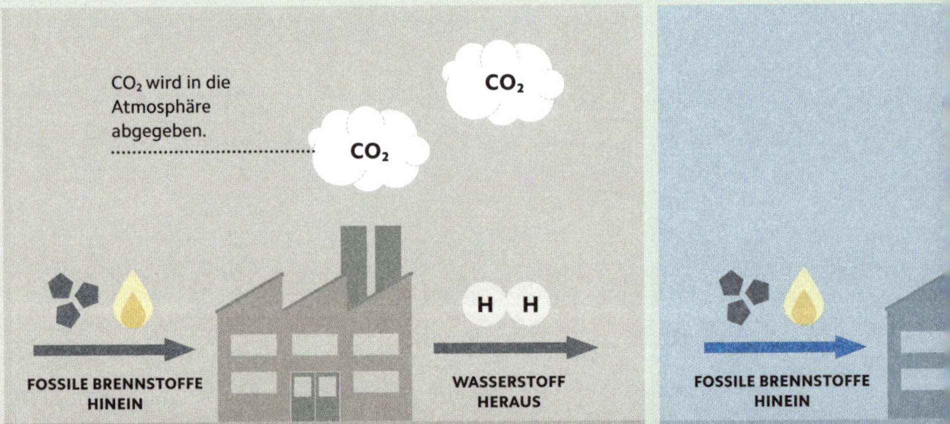

Grauer Wasserstoff
Wasserstoff wird produziert, indem Erdgas zusammen mit Wasserdampf erhitzt wird. Dies ist sehr umweltschädlich, da dabei für 1 kg erzeugten Wasserstoff mehr als 9 kg Kohlendioxid ausgestoßen werden.

Blauer Wasserstoff
Der Herstellungsprozess bleibt gleich, aber die Kohlendioxidemissionen werden abgefangen (siehe S. 130), bevor sie in die Atmosphäre gelangen.

> **»Wasserstoff und Sauerstoff werden auf unabsehbare Zeit hinaus die Energieversorgung der Erde sichern.«**
> Jules Verne, Science-Fiction-Autor

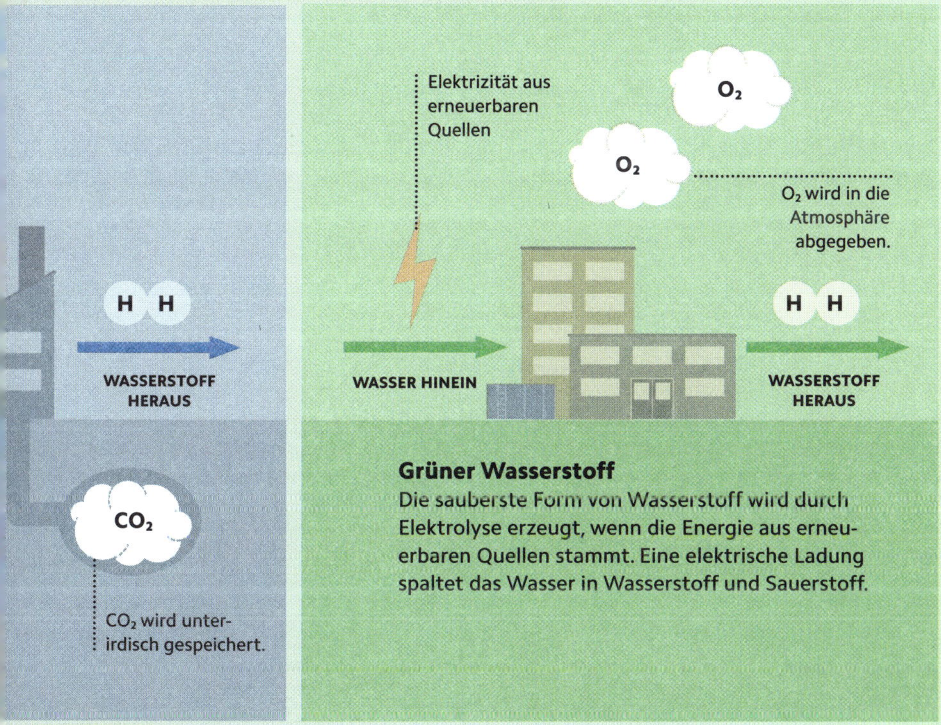

Grüner Wasserstoff
Die sauberste Form von Wasserstoff wird durch Elektrolyse erzeugt, wenn die Energie aus erneuerbaren Quellen stammt. Eine elektrische Ladung spaltet das Wasser in Wasserstoff und Sauerstoff.

KOHLENDIOXID REDUZIEREN

Im Kampf gegen den Klimawandel gilt die Kohlendioxidabscheidung als wichtige Waffe, vor allem für Produktionsverfahren wie die Herstellung von Zement oder Stahl, bei denen Emissionen schwer vermeidbar sind. Wälder, Ozeane, Moore, Torfgebiete und andere Naturgebiete auf der ganzen Welt speichern Kohlenstoff auf natürliche Weise und nun werden Verfahren zur Kohlenstoffabscheidung und -speicherung (»Carbon Capture and Storage«, CCS) entwickelt. Das gasförmige

Kohlendioxidabscheidung am Entstehungsort
Am kostengünstigsten ist es, das Kohlendioxid dort abzuscheiden, wo es entsteht, z. B. in einem Kohlekraftwerk oder Zementbrennofen.

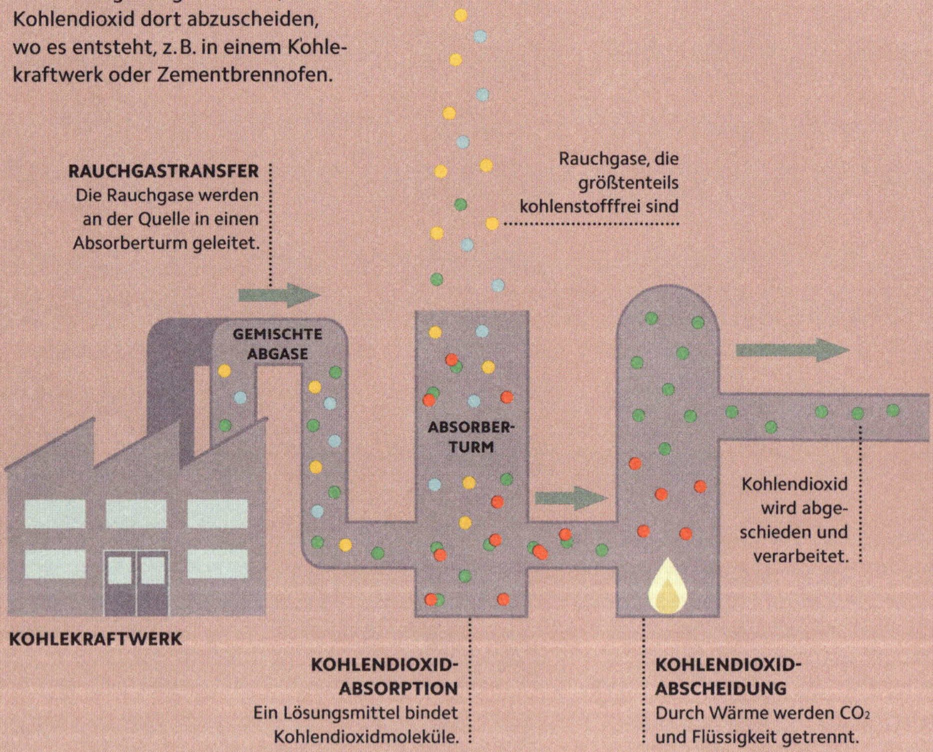

Kohlendioxid wird entweder am Ort seiner Entstehung, z. B. in einer Fabrik, abgefangen oder sogar aus der Atmosphäre geholt. Sobald es abgeschieden ist, wird es komprimiert, transportiert und meist tief unter die Erde versenkt, wo es dauerhaft verbleiben soll. Alternativ lässt sich das Kohlendioxid recyceln und auf verschiedene Weise nutzen (siehe unten).

Kohlendioxidnutzung
Investitionen in neue Technologien eröffnen immer wieder kommerzielle Anwendungen für das abgeschiedene Kohlendioxid. Einige tragen kaum zur Verringerung der Emissionen bei, andere wie der Zusatz zu Beton binden das Kohlendioxid langfristig.

»CCS ist gegenwärtig eine der herausragendsten Technologien.«
Jade Hameister, Global CCS Institute

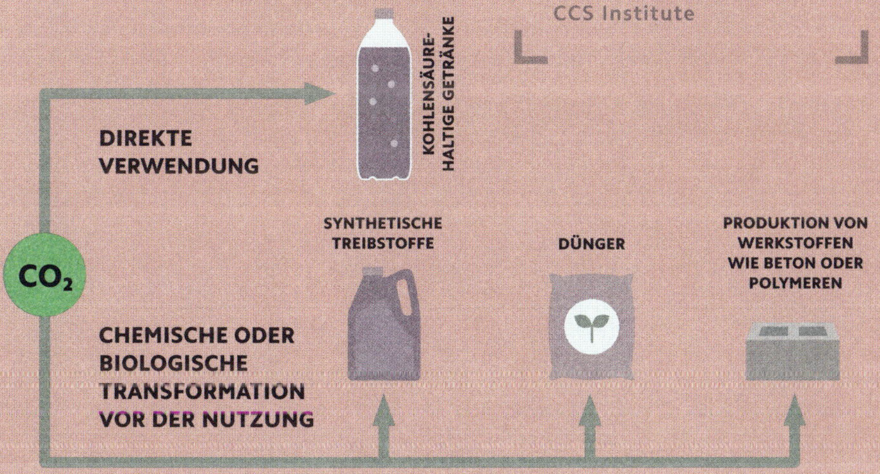

GROSSE BATTERIEN

Wenn mehr fluktuierende erneuerbare Energien wie Wind- und Solarenergie die Stromversorgung übernehmen, müssen die Netze mit Speichertechnologien ausgestattet werden – Technologien, die in Zeiten geringen Bedarfs viel Energie speichern und sie bei hoher Nachfrage wieder abgeben. Energie, die Solaranlagen tagsüber erzeugen, muss z. B. auch abends und nachts zur Verfügung stehen. Derzeit speichern die Stromversorger überschüssige Energie noch, indem sie Wasser in Stauseen pumpen (siehe unten und S. 134), doch in Zukunft sollen große Batteriespeicher diese Rolle übernehmen.

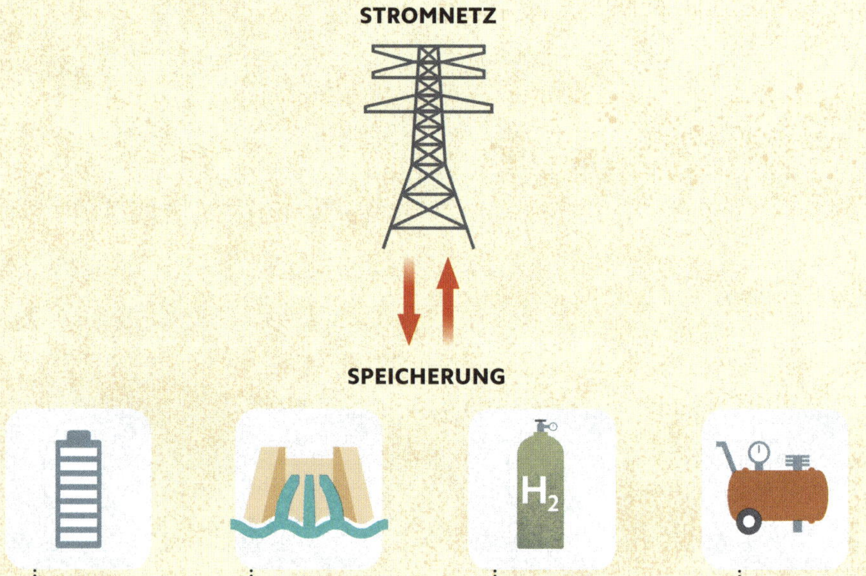

BATTERIE-SPEICHERUNG
Elektrizität wird in chemische Energie umgewandelt und in großen Batterien gespeichert.

WASSERKRAFT
Wasser, das in einen Stausee gepumpt wird, kann bei Bedarf wieder Strom erzeugen.

GRÜNER WASSERSTOFF
Gasförmiger oder flüssiger grüner Wasserstoff (siehe S. 129) lässt sich in Hochdrucktanks speichern.

NEUE SPEICHER-METHODEN
Neue Speichertechnologien wie komprimierte Luft können ausgleichend wirken.

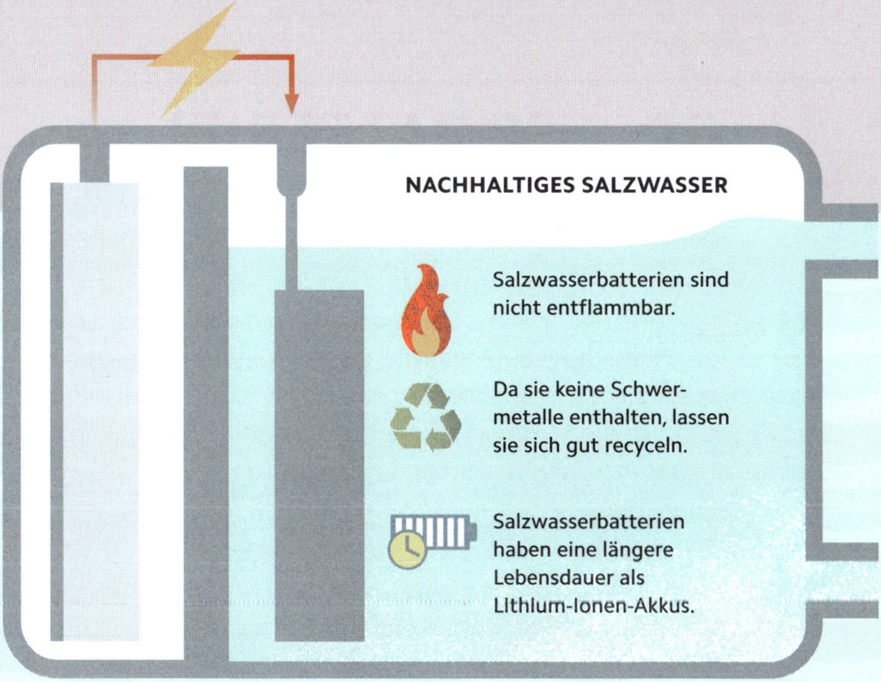

BATTERIEN, DIE NICHT DIE WELT KOSTEN

Zur Unterstützung des Ausstiegs aus den fossilen Brennstoffen braucht der Energiesektor Batterien mit wesentlich höheren Speicherkapazitäten. Derzeit sind Lithium-Ionen-Akkus die häufigsten energiedichten Speicher, doch sie erfordern Seltene Erden. Daher entwickelt man Batterien aus anderen Materialien, die die gleiche oder höhere Leistung erbringen. Eine Alternative sind Salzwasserbatterien (siehe oben), die vor allem mit Natriumionen Strom leiten und potenziell sicher, nachhaltig und recyclingfähig sind. Andere Optionen sind Natrium-Ionen-Akkus, Solid-State- oder Feststoffbatterien (mit Feststoff-Elektrolyten) und Salzschmelzebatterien (mit einem Elektrolyten aus geschmolzenem Kochsalz).

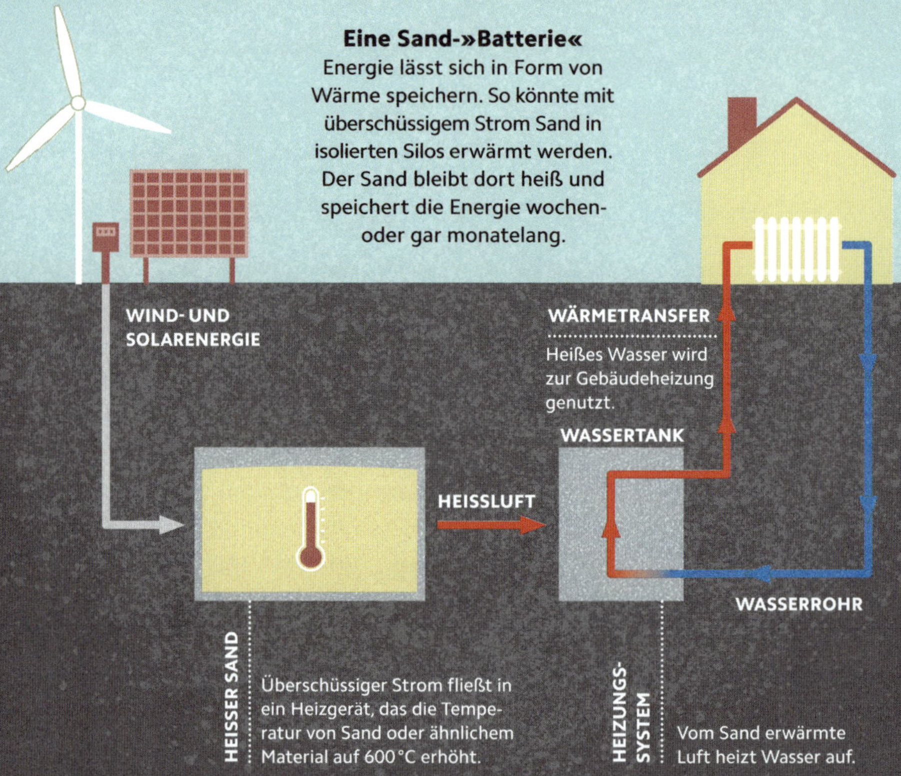

Eine Sand-»Batterie«
Energie lässt sich in Form von Wärme speichern. So könnte mit überschüssigem Strom Sand in isolierten Silos erwärmt werden. Der Sand bleibt dort heiß und speichert die Energie wochen- oder gar monatelang.

JENSEITS DER CHEMIE

Physikalische »Batterien« speichern Energie nicht in chemischer Form und sind daher eine Alternative zu chemischen Batterien. Ein Beispiel ist Wasser, das mit elektrischen Pumpen in einen Stausee gepumpt wird und bei Bedarf wieder zur Energieerzeugung dient, aber es wird auch an Methoden geforscht, die nicht von geografischen Bedingungen abhängen, wie das Anheben und Senken schwerer Blöcke, die Komprimierung von Luft in unterirdischen Kammern, das Erwärmen von Sand (siehe oben) oder die Beschleunigung von Schwungrädern auf extreme Geschwindigkeiten.

DIE ENERGIE DER SONNE

Solarenergie ist eine der günstigsten Stromquellen – ihre Einrichtung ist ebenso unkompliziert wie ihre Instandhaltung. Daher herrscht große Begeisterung und sie verbreitet sich auch außerhalb von Solarparks. Firmen und Hausbesitzer installieren Anlagen auf dem Hausdach und die Module lassen sich auch auf Zügen und Schiffen sowie auf Verkehrsinfrastruktur wie Bushaltestellen und Straßenbelägen anbringen. Erhöhte Flächen sind vorteilhaft, da Module am Boden leicht beschädigt werden und weniger Sonnenlicht erhalten.

DRACHEN-KRAFTWERKE

Windenergie ist sauber, erneuerbar und wird jedes Jahr billiger, daher wächst ihr Anteil am Energiesektor sehr schnell. Als Ergänzung der herkömmlichen Windräder könnten bald alternative Turbinen auf den Markt kommen, z. B. Flugwindkraftanlagen. Diese drachen-ähnlichen Anlagen fliegen in großer Höhe, wo der Wind am kräftigsten weht. Sie sind flexibler als feste Windräder am Boden, denn sie lassen sich an Land ebenso verankern wie auf Schiffen im Meer, man kann die Flughöhe ändern, um die Rotationsgeschwindigkeit zu erhöhen, und sie sogar in Regionen betreiben, in denen Hurrikane auftreten, wo es für Windkraftanlagen am Boden zu gefährlich ist.

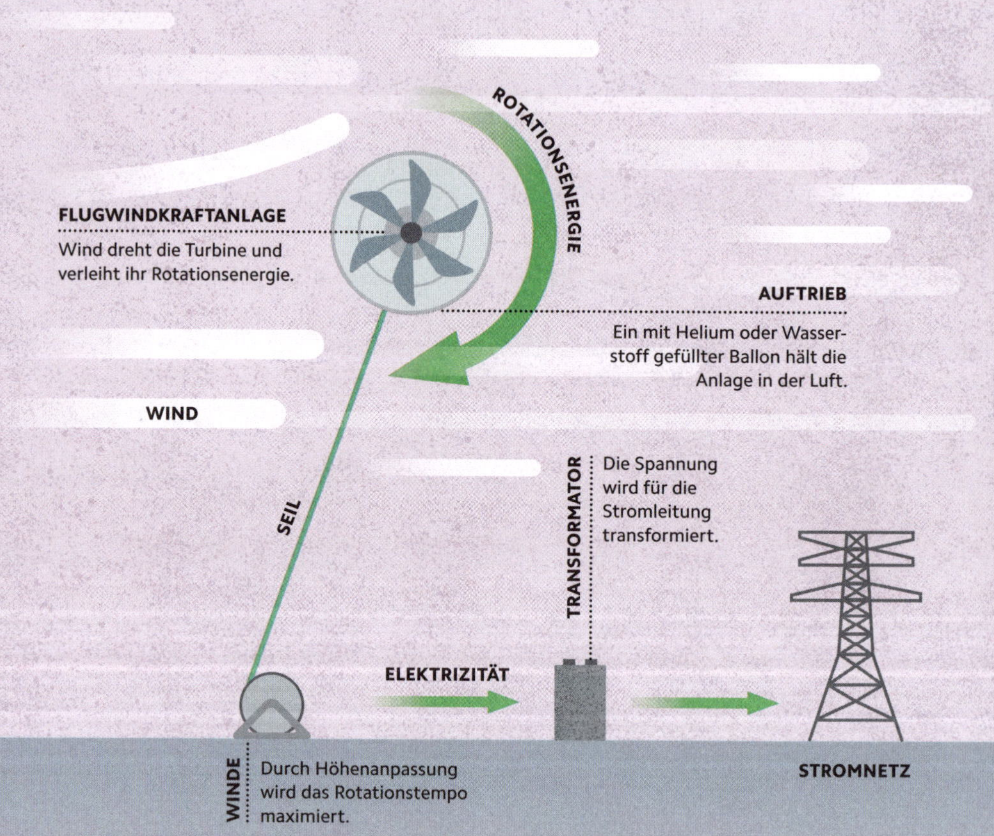

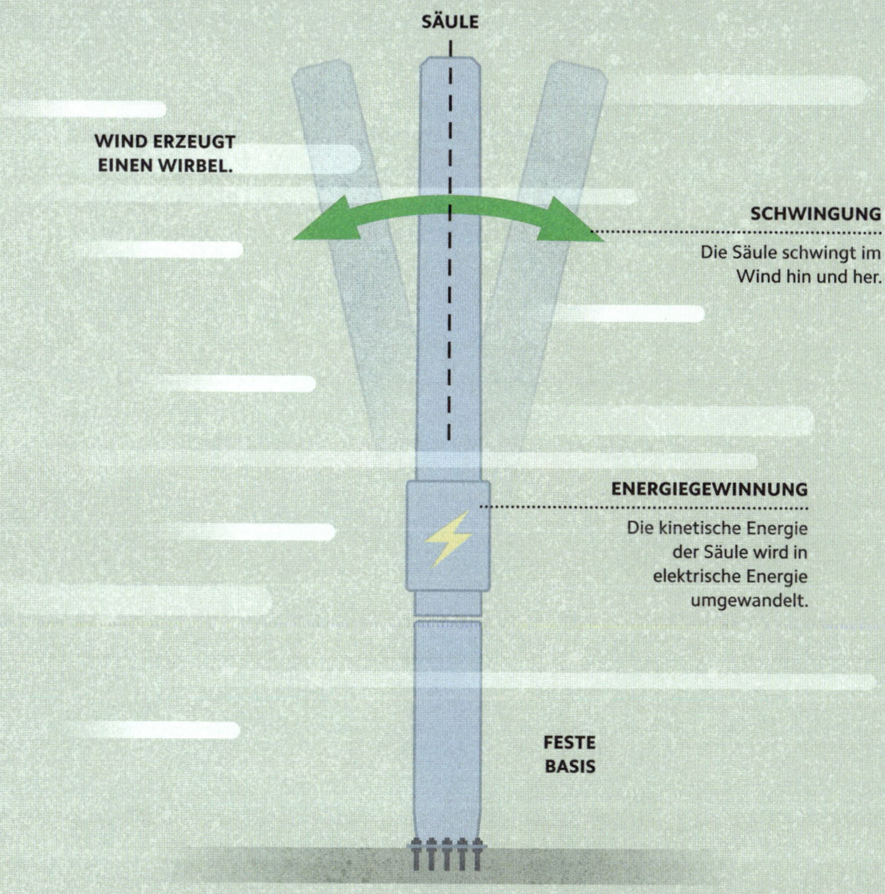

NÜTZLICHE SCHWINGUNG

Eine weitere Alternative zu traditionellen Windrädern sind relativ kleine »rotorlose« Windkraftanlagen. Die zylindrischen Säulen sind etwa 2–3 m hoch und schwingen im Wind hin und her, sodass wirbelnde Luftdruckmuster entstehen. Aus dieser Bewegung wird die Elektrizität erzeugt. Rotorlose Windkraftanlagen entkräften einige häufige Gegenargumente zu Windkraft. Sie sind für menschliche Ohren praktisch geräuschlos, behindern nicht die Aussicht auf die Landschaft und stören auch weder Radarsysteme noch Zugvögel.

MINI-KERNKRAFTWERKE

Atomkraft setzt kein Kohlendioxid frei und gilt im Allgemeinen als grüne Technologie, die in Zukunft eine Rolle spielen wird. Neue Kernkraftwerke gehören jedoch zu den komplexesten und teuersten Infrastrukturprojekten der Welt. Kleine Reaktoren – die »Small Modular Reactors« (SMR) – haben dagegen ein relativ einfaches Design. Sie haben nur einen Bruchteil der Größe konventioneller Kernreaktoren und lassen sich vor Ort aus Fertigbauteilen aufbauen. So lassen sich Größenvorteile nutzen. Derzeit wird weltweit an der Entwicklung von mehr als 80 Designs gearbeitet.

MIKROREAKTOR Mikroreaktoren, die 1–20 Megawatt (MW) liefern, sind klein genug für den Transport per Lastkraftwagen in abgelegene Siedlungen oder Militärstützpunkte.

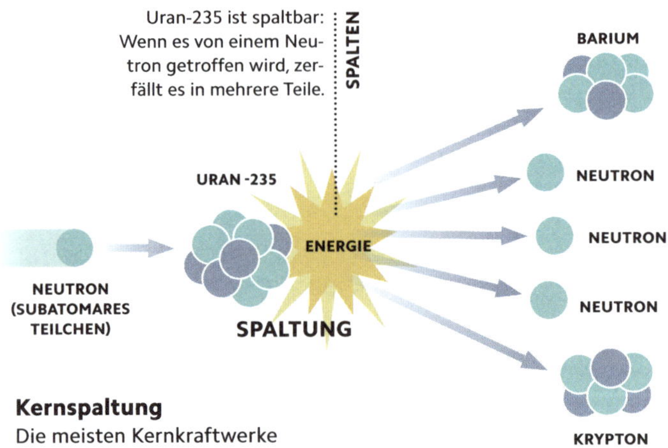

Kernspaltung
Die meisten Kernkraftwerke brauchen Uran-235 als Brennstoff. Wenn ein Neutron auf einen Urankern prallt, spaltet es ihn, und dabei wird Energie frei.

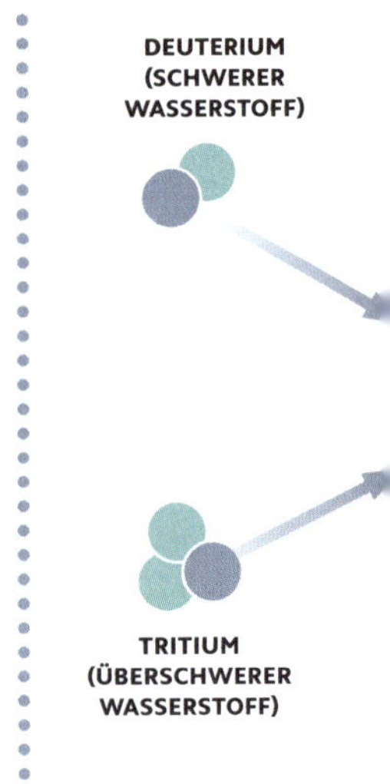

> »[Kernenergie] ist die einzige kohlendioxid-freie, skalierbare Energiequelle, die 24 Stunden am Tag verfügbar ist.«
>
> Bill Gates, ehemaliger Vorstandsvorsitzender von Microsoft

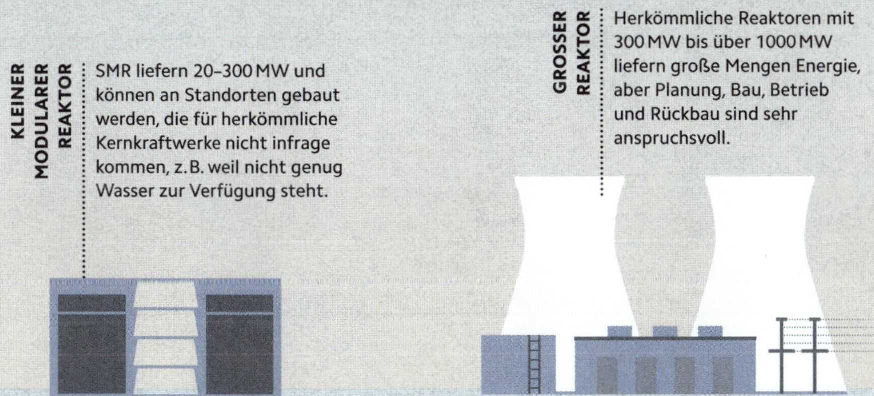

ENERGIE DER ZUKUNFT?

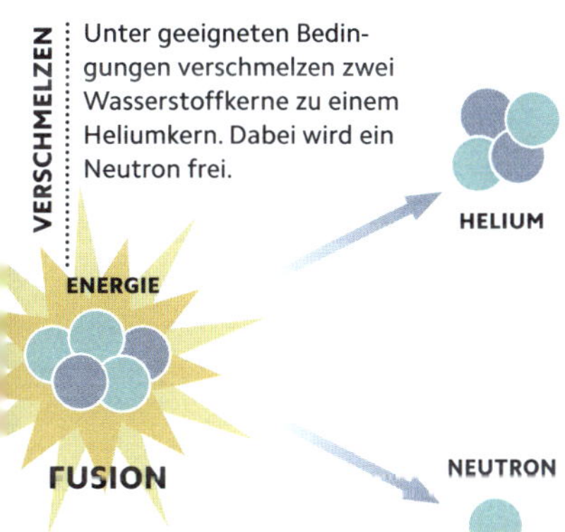

Kernfusion
Die Forschung konzentriert sich vor allem auf die Deuterium-Tritium-Reaktion. Die Kerne dieser zwei Wasserstoffarten verbinden sich zu Helium, wobei Energie und ein Neutron freigesetzt werden.

Derzeit wird Kernenergie durch Kernspaltung erzeugt: Schwere Atomkerne werden in leichte zerlegt, wobei Energie frei wird. Man hofft jedoch, dass die Kernfusion, mit der Sterne ihre Energie gewinnen, unbegrenzte, saubere Energie ohne gefährlichen Müll liefern wird. Sie ist sehr schwer zu erreichen, da sie extrem viel Druck und Hitze erfordert. Angeblich soll sie »stets in 20 Jahren verfügbar« sein: Jahrzehnte der Forschung liefern bisher kaum Fortschritte.

DIE **BEB**
UMGEBU

AUTE
NG

Die bebaute Umgebung sind alle künstlichen Strukturen, in denen menschliche Aktivitäten stattfinden, wie Gebäude, Straßen, Brücken, Parks sowie die Versorgungsinfrastruktur. Um der wachsenden Bevölkerung gerecht zu werden, sind große Mengen an natürlichen Ressourcen erforderlich. Die Erfindung neuer, nachhaltiger Materialien und Methoden, von kohlenstoffarmem Beton und Häusern aus dem 3-D-Drucker bis hin zu technisch optimierten Dienstleistungen im Gesundheitswesen und der Energieversorgung, soll irreversible Umweltschäden vermeiden. Pionierleistungen ermöglichen neue Bauweisen, beispielsweise für zukünftige Ansiedlungen auf dem Mond oder Mars mit dem dort vorhandenen Regolith.

VERNETZTE GEMEINSCHAFT

In einer intelligenten Stadt werden mit digitalen Technologien Daten gesammelt und analysiert und die Ergebnisse für ihren Betrieb und die angebotenen Dienste verwendet. So können die Ressourcen wie Strom, Wasser, der Platz auf den Straßen oder die Müllabfuhr optimal organisiert werden, sodass sie in Echtzeit auf lokal veränderten Bedarf reagieren. Man hofft, dass sie dadurch nicht nur umweltfreundlicher und wirtschaftlich effizienter werden, sondern auch den Bewohnern mehr Lebensqualität bieten können.

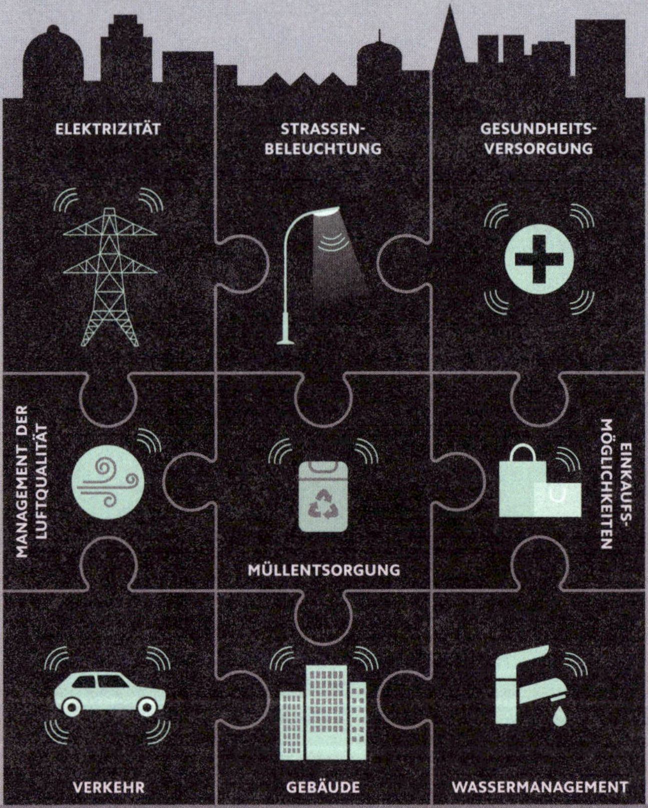

»Anhand dieser Modelle lassen sich Variablen [...] zu einem Bruchteil der Kosten realer Experimente anpassen.«

Bernard Marr, Autor und Futurist

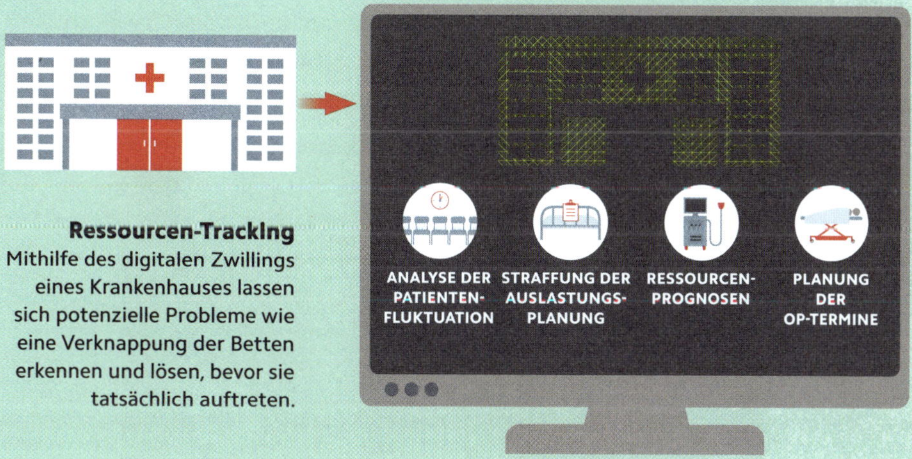

Ressourcen-Tracking
Mithilfe des digitalen Zwillings eines Krankenhauses lassen sich potenzielle Probleme wie eine Verknappung der Betten erkennen und lösen, bevor sie tatsächlich auftreten.

VIRTUELLE GEBÄUDE

Detailgenaue digitale Modelle von Objekten oder Systemen nennt man digitale Zwillinge. Sie können Kraftwerke ebenso darstellen wie Krankenhäuser, Flughäfen, Militärstützpunkte oder ganze Städte. Einmal erstellt, lassen sie sich laufend in Echtzeit aktualisieren. Anhand des digitalen Zwillings eines Krankenhauses könnte man die Patienten sowie alle Ressourcenkategorien überwachen und managen, die zur Versorgung erforderlich sind, von Papierhandtüchern bis zu ÄrztInnen. So lassen sich potenziell lebensbedrohliche Ineffizienzen erkennen und beseitigen.

ÖKO-WOHNBAU

Grünere, sauberere Energienutzung bedeutet nicht nur den Ausstieg aus fossilen Brennstoffen, sondern auch wesentlich höhere Energieeffizienz. Da weltweit 40 Prozent der Energie in Gebäuden verbraucht werden, stehen auch sie im Fokus, wenn es darum geht, den Energiekonsum zu senken. »Nullenergiehäuser« verbrauchen netto keinerlei Energie, das heißt, die Energiemenge, die sie pro Jahr entnehmen, entspricht der Energiemenge an erneuerbarer Energie, die sie einspeisen. Diese Häuser sind vollständig wärmeisoliert und außerdem mit Energieerzeugungstechnik ausgestattet, z. B. mit einer Solaranlage auf dem Dach.

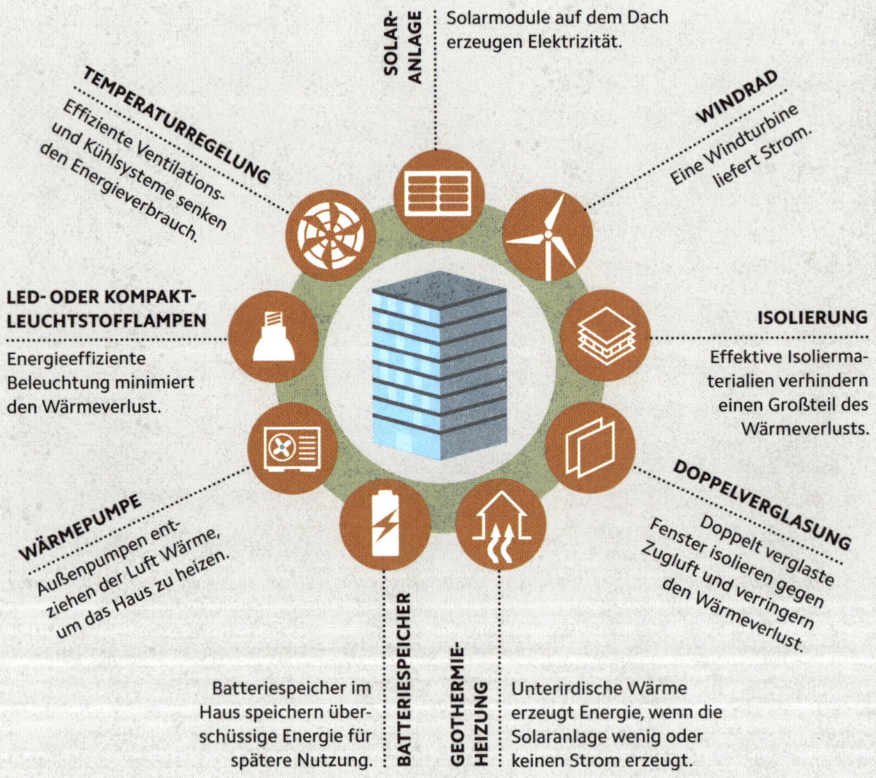

GEBÄUDE MIT HOHER WIDERSTANDSFÄHIGKEIT

Das Verhältnis zwischen Belastbarkeit und Gewicht ist bei Mass-Timber höher als bei Beton und Stahl.

KOHLENSTOFFSENKE

Mass-Timber wird aus Holz gewonnen, das während seines Wachstums Kohlendioxid aus der Atmosphäre aufnimmt.

FEUERBESTÄNDIGKEIT

Das natürliche Polymer Lignin im Holz wird durch ein feuerhemmendes, synthetisches Polymer ersetzt.

JE MEHR, DESTO STÄRKER

Mehrere Holzschichten lassen sich zu Wänden, Decken und Dächern verbinden. Sogar starke Stützelemente wie Balken kann man daraus fertigen.

BRETTSPERRHOLZ

Jede Schicht wird im rechten Winkel zur vorhergehenden geleimt, sodass sich eine starke, steife und belastbare Struktur ergibt.

HOCHHÄUSER AUS HOLZ

Menschen bauen schon seit Jahrtausenden mit Holz, aber durch neue Fortschritte erreichen die Gebäude nun sogar die Höhe von Wolkenkratzern. Sie können rein aus Holz oder in Kombination mit Beton und Stahl errichtet werden. Holzerne Hochhäuser werden durch das sogenannte Mass-Timber (veredeltes Holz) ermöglicht. Holz wird so verarbeitet, dass die resultierenden Werkstoffe bestimmte Eigenschaften besitzen und z. B. so fest wie Beton sind, gleichzeitig aber leichter als Beton oder Stahl. Brettsperrholz, das durch Zusammenleimen von mehreren Querschichten gefertigt wird, ist besonders belastbar. Mass-Timber ist erneuerbar und weniger energieintensiv herzustellen als konventionelle Baustoffe.

»GRÜNER« BETON

Beton ist direkt hinter Wasser der am meisten verbrauchte Stoff der Welt. Leider wirkt sich seine Herstellung sehr negativ auf die Umwelt aus. Das wichtigste Bindemittel, der Zement, ist einer der Hauptverursacher von schädlichem Kohlendioxid, denn er wird durch chemische Reaktionen bei sehr hohen Temperaturen produziert. Daher konzentrieren sich Anstrengungen zur Herstellung kohlenstoffarmen Betons vor allem auf die Suche nach Alternativen für Zement. Eine neue Technologie ist z. B. die Bindung von Beton durch Zugabe von abgeschiedenem Kohlendioxid (siehe unten). Wenn zusätzlich Sand als Zuschlag durch Kunststoffabfall oder Betonschutt ersetzt wird, wird der Beton noch »grüner«.

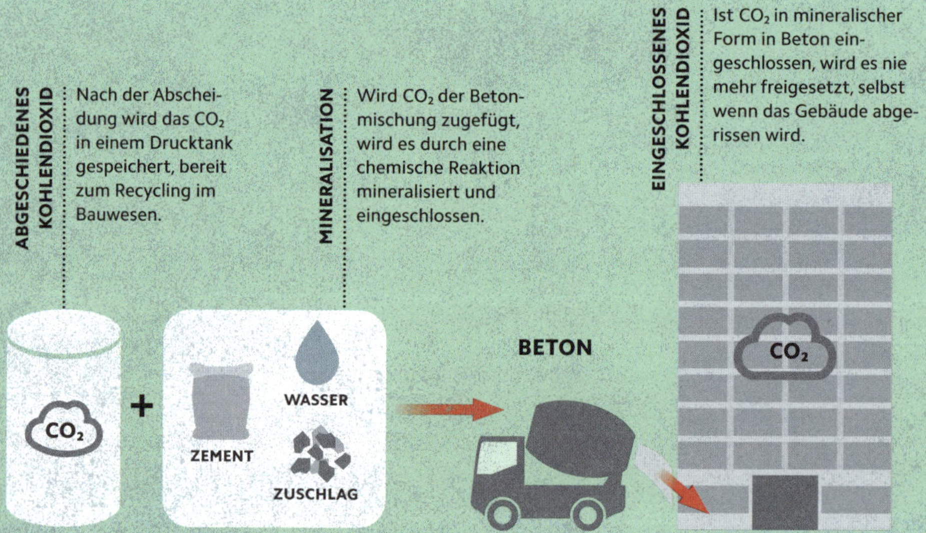

Kohlenstoff-negativer Prozess
Fügt man abgeschiedenes CO_2 neuem Beton hinzu, braucht man weniger Zement. So kann Beton sogar kohlenstoff-negativ werden und mehr Kohlenstoff einschließen als emittiert wird.

Zentrale Fertigung
Die Module werden entwickelt, in der Fabrik hergestellt, vielleicht auch per 3-D-Druck (siehe S. 22), und dann vor Ort zusammengebaut.

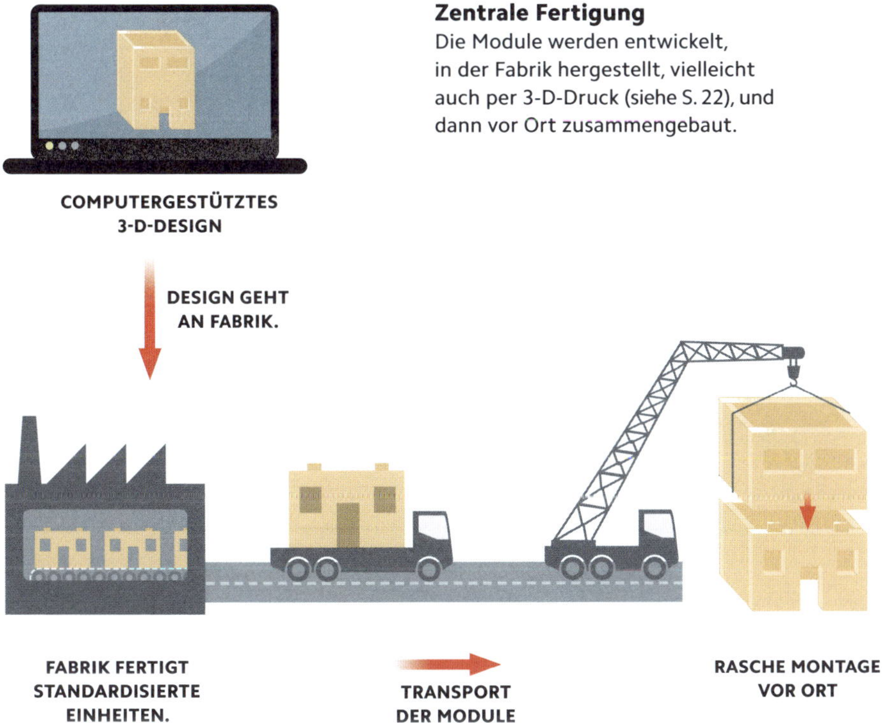

RASCHE MONTAGE

Im Modul- oder Systembau werden in einer Fabrik gleiche Teile – die Module – gefertigt, zum Bauplatz transportiert und dann aufgebaut. Diese Bauweise wird in verschiedenen Formen bereits seit mindestens 1830 praktiziert, es wird aber erwartet, dass sie in Zukunft eine immer wichtigere Rolle spielen wird. Sie verursacht minimalen Abfall und Umweltzerstörung, verbessert wesentlich die Effizienz (da viele Teile gleichzeitig gefertigt werden) und ist sehr flexibel. Damit kann man auch an Orten bauen, in denen konventionelle Methoden sehr schwer anwendbar sind, z. B. in der Antarktis an der Halley-Forschungsstation.

GEDRUCKTE WOHNUNGEN

Ist der 3-D-Drucker groß genug, kann man mit additiver Fertigung (siehe S. 22) ganze Gebäude produzieren. Ein 3-D-Drucker vor Ort extrudiert nach einem digitalen Plan eine zähflüssige Mischung, meist Beton, und baut die Form Schicht für Schicht auf. Wasser- und Elektroinstallationen und Bauteile wie Fenster und Türen werden später eingebaut. So geht es schnell mit viel kreativer Freiheit und effizienter Nutzung der Ressourcen zu einem Bruchteil des konventionellen Preises.

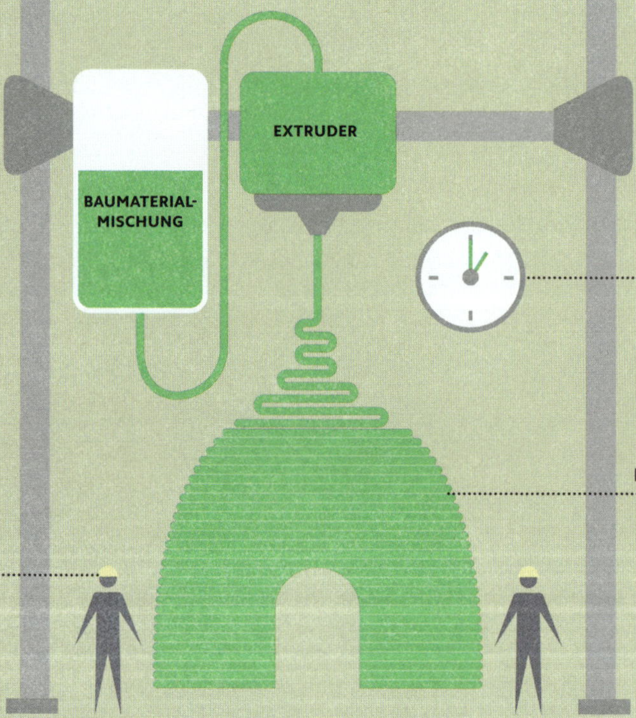

SCHUTZ BEI ÜBERFLUTUNG

DURCHLÄSSIGE FLÄCHEN
Durch Lücken im Pflaster sickert das Regenwasser in den Boden.

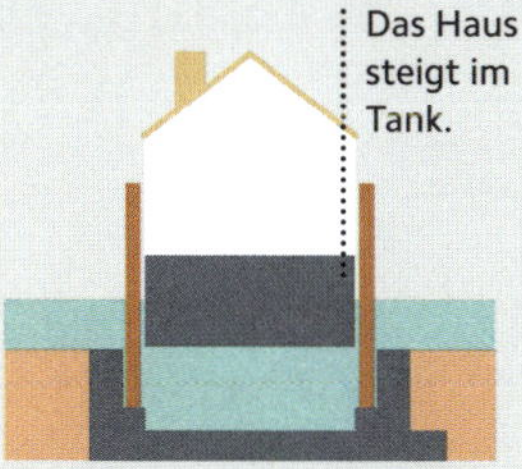

SCHWIMMENDE GEBÄUDE
Häuser mit flexiblen Fundamenten heben sich bei Überflutung.

UMWELTFREUNDLICHE UFERWÄLLE
Sie schützen vor Sturmfluten und fördern die Biodiversität.

KLIMABESTÄNDIGE HÄUSER

Da die Häufigkeit und Intensität extremer Wetterereignisse zunimmt, sollten wir nicht mehr an Orten bauen, die vom steigenden Meeresspiegel gefährdet sind, und auch zusätzlich die Klimaresilienz durch neue Infrastruktur stärken. Bahngleise könnten z.B. aus hitzebeständigen Metallen hergestellt werden, die sich bei Hitze nicht mehr so leicht dehnen, Gebäudefassaden können begrünt werden, sodass sie mehr Schatten werfen, oder man könnte unterirdisch bauen.

WÄRMEMANAGEMENT

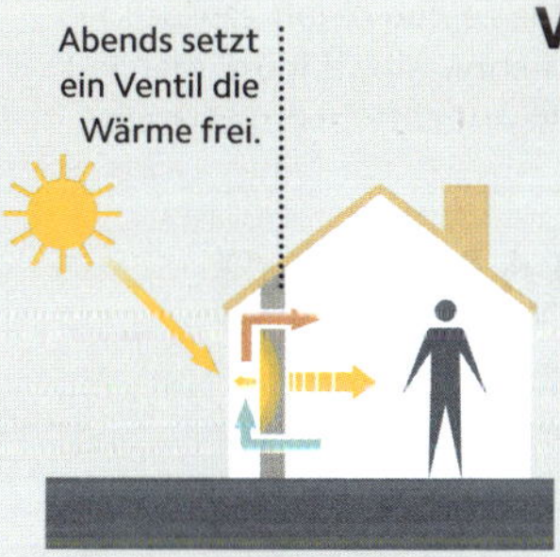

TROMBE-WAND
Eine Glasscheibe über der Wand absorbiert und speichert tagsüber bei Hitze das Sonnenlicht.

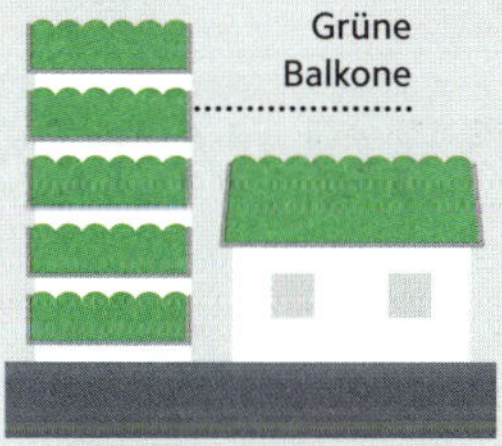

GRÜNE GEBÄUDE
Begrünte Fassaden nehmen Schadstoffe auf und erzeugen gleichzeitig Schatten.

LICHTREFLEKTIERENDE FLÄCHEN
Weiße Dächer reflektieren das Sonnenlicht und halten die Innenräume kühl.

BEWEGLICHE TEILE

Große Bauwerke, die sich an Veränderungen in der Umgebung anpassen können, bezeichnet man als adaptiv. Oft besitzen Raumfahrzeuge diese Eigenschaft, damit sie während ihrer Missionen auf extreme Bedingungen reagieren können. Die Internationale Raumstation (ISS) kann ihre 35 m langen Solarmodule schwenken und einziehen. Denkbare noch größere Strukturen wie Weltraumaufzüge oder Türme, die vom Äquator in den Weltraum aufragen, müssten ebenfalls adaptiv gebaut werden.

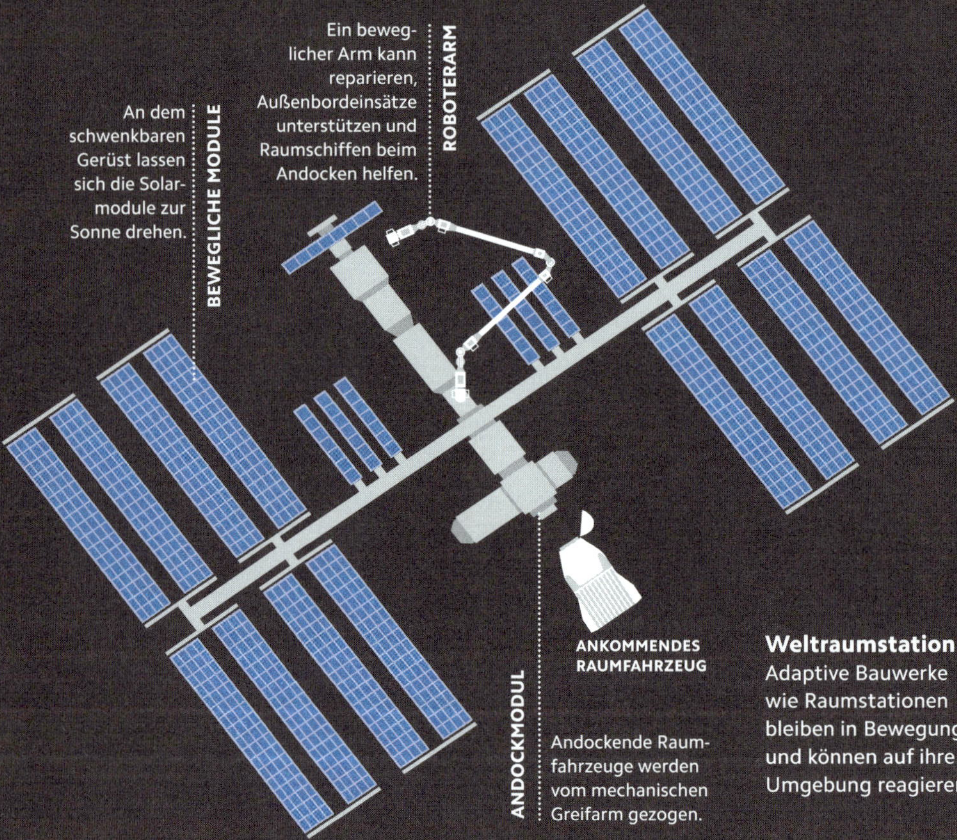

Weltraumstation
Adaptive Bauwerke wie Raumstationen bleiben in Bewegung und können auf ihre Umgebung reagieren.

IN DER KUPPEL

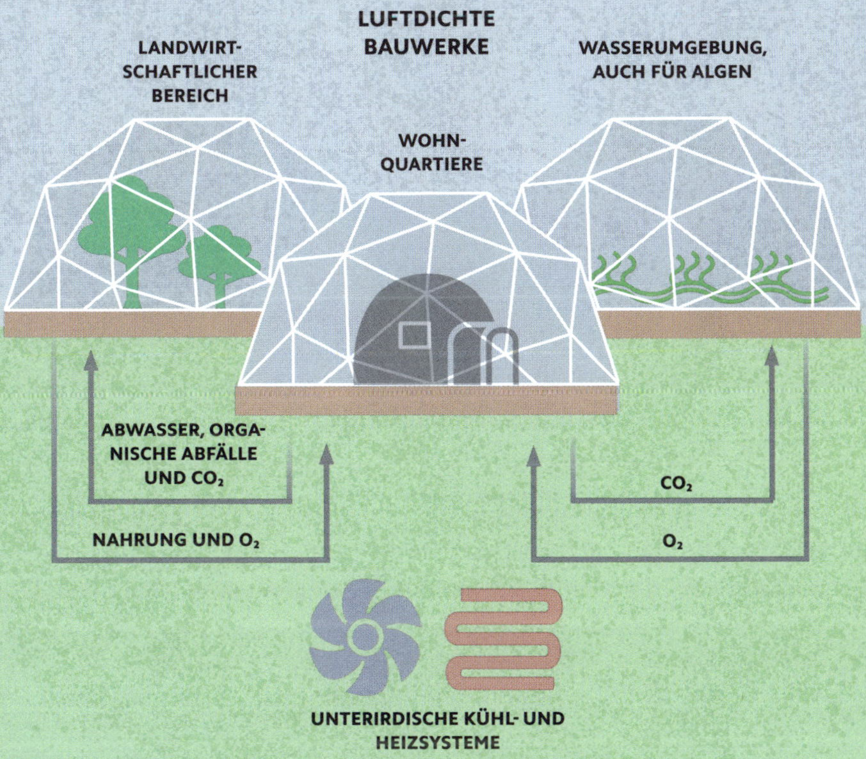

Geschlossene ökologische Systeme sind Lebensgemeinschaften in vollkommener Isolation: Sie tauschen keinerlei Stoffe, wie z. B. Sauerstoff, mit der Umgebung aus. Man könnte die Erde als ein Beispiel betrachten, aber meistens sind kleine, künstlich eingerichtete Ökosysteme gemeint. In einem geschlossenen System werden die Abfälle einer Art von einer anderen als Nahrung verwertet und umgekehrt. Derzeit herrscht zwar kein unmittelbarer Bedarf, aber im Hinblick auf die mögliche Errichtung von Stützpunkten auf dem Mond und Mars wird daran geforscht.

BAUEN MIT WELTRAUMSTAUB

Mit Weltraum-Werkstoffen arbeiten
Regolith kann man zum Bauen sintern, binden und kaltschweißen.

Wenn Menschen dauerhaft auf dem Mond, Mars oder anderen Himmelskörpern leben sollen, müssen sie Methoden entwickeln, um unabhängig von der Erde zu überleben. Dazu gehört auch der Bau von Habitaten aus den vor Ort vorhandenen Materialien. Zur Vorbereitung zukünftiger Missionen untersuchen Weltraumorganisationen die Möglichkeit, Regolith (das Gestein auf der Oberfläche von Monden und Planeten) als Grundstoff für Baumaterialien zu nutzen.

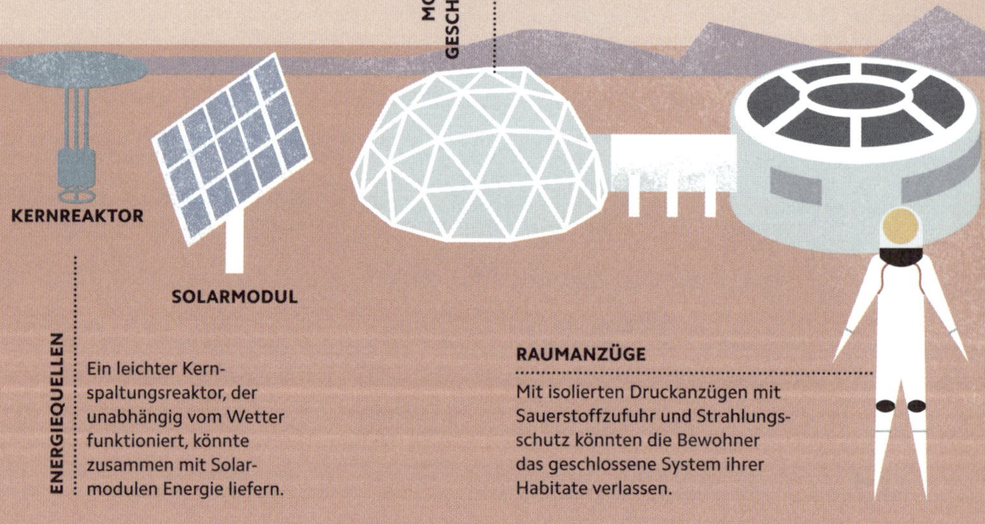

SINTERN

Konzentriertes Sonnenlicht kann Regolith sintern, das heißt, ihn erhitzen, sodass er zum Festkörper wird.

BINDEN

Vor Ort vorhandene Stoffe wie geschmolzener Schwefel oder Phosphorsäure binden Regolith.

NOTFALL-ERSATZ

In dringenden Fällen kann menschliches Blut als Bindemittel dienen.

SCHWEISSEN

Regolith lässt sich »kaltschweißen«: Er wird zwischen glatten Flächen so stark gepresst, dass Atombindungen entstehen.

GEBÄUDE AUS REGOLITH

Zum Bau von modularen Habitaten auf dem Mond und Mars kann man auch lokale Baustoffe verwenden.

LEBEN AUF DEM MARS

ROVER

Roboterfahrzeuge könnten praktische Aufgaben an der Oberfläche übernehmen, z.B. Regolith sammeln.

Die Kolonisierung des Weltraums ist in der Science-Fiction ein beliebtes Thema. Ohne Terraforming (siehe S. 154–155) bräuchte man auf einem Himmelskörper wie Mars künstliche Habitate mit Lebenserhaltungssystemen zum Schutz vor der tödlichen Atmosphäre, der Sonnenstrahlung, der extremen Kälte und dem geringen Druck. Forschende arbeiten derzeit daran, dies alles mit den dort vorhandenen Ressourcen zu bewerkstelligen (siehe oben) – neben weiteren Aspekten des Lebens weit weg von der Erde.

ERDE 2.0

Terraforming (wörtlich: »eine Erde schaffen«) ist die planmäßige Umformung eines Himmelskörpers, sodass er der Erde ähnlicher wird. Meistens wird der Begriff spekulativ verwendet und bedeutet einfach, eine Umgebung bewohnbar zu machen, ohne dass künstliche, geschlossene Ökosysteme (siehe S. 151) und Raumanzüge erforderlich sind. Mars hat derzeit das größte Potenzial als

SAUERSTOFFGEHALT STEIGERN
Damit die Marsatmosphäre atembar wird, muss der Sauerstoffgehalt erhöht werden.

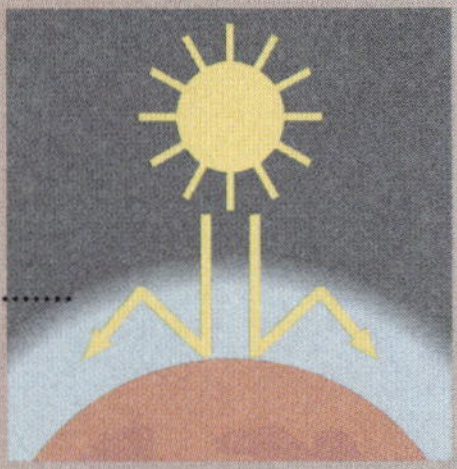

TREIBHAUSEFFEKT NUTZEN
Würde die Kohlenstoffkonzentration in der Atmosphäre erhöht, würde weniger Wärme in den Weltraum abgestrahlt.

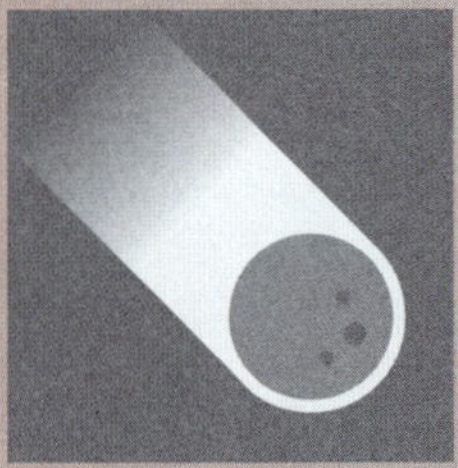

DIREKTEN EINSCHLAG HERBEIFÜHREN
Wenn wir einen Asteroiden zum Mars lenken, könnte er mit seiner Energie die Temperatur leicht erhöhen und vielleicht sogar einen See erschaffen.

Ein unwirtlicher Planet

Solange die Bodentemperatur auf -153 °C sinkt und die Atmosphäre dünn ist, ist Mars lebensfeindlich. Zum Terraforming könnte man Pflanzen ansiedeln und Boden und Atmosphäre so manipulieren, dass sie Wärme und Wasser liefern.

möglicher Lebensraum für Menschen. Die Oberflächentemperatur müsste erhöht, Wasser importiert und eine atembare, schützende Atmosphäre geschaffen werden. Derzeit würde das Terraforming des Mars die Grenzen der vorhandenen Möglichkeiten wohl überschreiten, aber einige Forschende betrachten es als sehr langfristige Möglichkeit, das Überleben der Menschheit zu sichern.

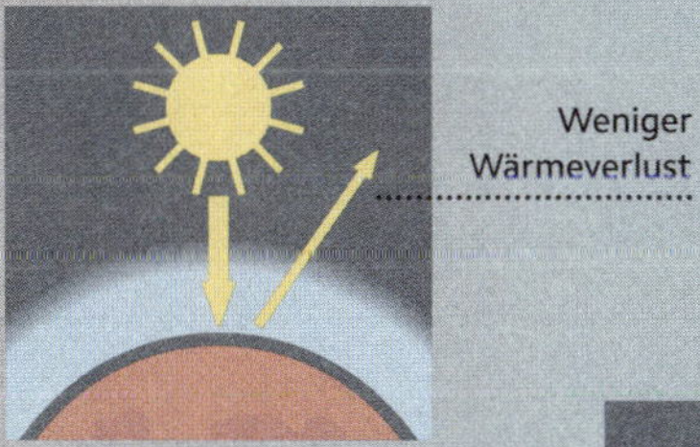

REFLEXION VERÄNDERN
Eine Verdunkelung der Oberfläche würde die Reflexion von Sonnenlicht verringern und es würde mehr Wärme absorbiert.

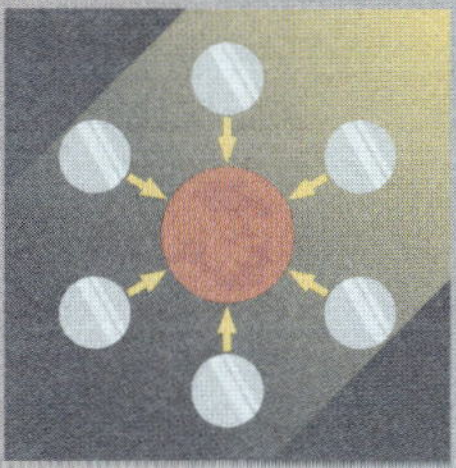

SONNE KONZENTRIEREN
Spiegel in einer Umlaufbahn könnten die Sonnenstrahlen konzentrieren, sodass Solaranlagen mehr Wärme und Licht erhalten.

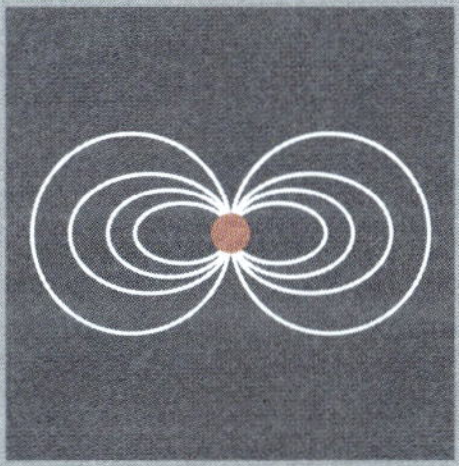

MAGNETFELD ERSCHAFFEN
Ein Magnetfeld schützt einen Planeten vor kosmischer Strahlung. Es gibt mehrere Vorschläge, wie man für Mars ein solches Feld erschaffen könnte.

REGISTER

Die **fett** gedruckten Seitenzahlen verweisen auf Haupteinträge.

E

F

G

H

I

K

L

M

N

O

P

Q

R

S

T

U

V

W

XZ

DANK

Der DK Verlag dankt Helen Peters für das Register, Senior DTP-Designer Harish Aggarwal und Senior-Umschlagkoordinatorin Priyanka Sharma Saddi.

Cover: *Vorn:* Getty Images / iStock: DigitalVision Vectors / aleksandar-velasevic mlo, m/ (x2), mu.

ZITATNACHWEIS

Wenn nicht anders angegeben, wurden die Zitate frei übersetzt.

11 William Powell, zitiert nach World Intellectual Property Report: *Breakthrough Innovation and Economic Growth,* 2015 **18** Lee Jong-min, zitiert nach *Financial Times,* »Samsung still believes folding phones will be a driving force«, Song Jung-a in Seoul, 5. Juli 2019 **35** Kathryn L. Garner, *Principles of synthetic biology.* Essays Biochem. 2021 **83** Kerem Gülen, »The rise of integrated photonics: How light is changing the face of computing?«, in: *Technology & IT, Industry,* 2022 **97** Eric Schmidt, https://www.supplychaintoday.com/internet-of-things-iot-quotes/ **109** Kenneth Hayworth, »Why brain preservation followed by mind uploading is a cure for death«, in: *The Brain Preservation Foundation,* 2010 **126** Christoph Schell, »The future of energy is systemic, open and collaborative — and runs on a smart grid«, in: *World Economic Forum,* 2022 **129** Jules Verne, *Die geheimnisvolle Insel,* 1870 **131** Jade Hameister, *Global Status of CCS Report,* 2018 **139** Bill Gates, »Bill Gates comes to Washington – selling the promise of nuclear energy«, *Washington Post,* 2019 **143** Bernard Marr, »The Best Examples Of Digital Twins Everyone Should Know About«, *Forbes,* 2022

Noch mehr Wissenschaft & Technik

ISBN 978-3-8310-3794-0

ISBN 978-3-8310-2826-9

ISBN 978-3-8310-4859-5

ISBN 978-3-8310-4519-8

DK
www.dk-verlag.de

Neugierig auf mehr?